高职高专计算机任务驱动模式教材

C#程序设计与开发

（第3版）

主　编／谭恒松

副主编／严良达　张乐涛　焦宗钦

清华大学出版社

北京

内容简介

本书以 Microsoft Visual Studio 2015 为集成开发环境，但同时也适合以 Visual Studio 2010、Visual Studio 2012、Visual Studio 2017 甚至 Visual Studio 2019 为集成开发环境的教学，并且配套有立体化教学资源。本书通过多个学习任务，引导读者完成 C# 程序设计的基础知识学习。本书主要内容包括 C# 语言概述；C# 程序设计基础；阶段项目一：四则运算计算器；WinForm 常用控件的使用；面向对象程序设计；阶段项目二：学生成绩管理系统；课程设计。

本书采用任务驱动模式编写，每一章都由几个学习任务组成，每个学习任务都将相关的理论知识融入其中。在每一章后面都配套有相关的实训内容，方便读者巩固已学知识。本书还设计了两个大的阶段项目，阶段项目给出了基本的项目代码，预留出许多需要改进的地方，具体的项目完善工作读者可以通过相关拓展知识来完成。

本书适合应用型本科、大专（高职）和中职学生使用，也可以作为其他学习 C# 程序设计的初学者使用。

图书在版编目（CIP）数据

C# 程序设计与开发/谭恒松主编.—3 版.—北京：清华大学出版社，2021.1（2023.8 重印）
高职高专计算机任务驱动模式教材
ISBN 978-7-302-56430-0

Ⅰ.①C… Ⅱ.①谭… Ⅲ.①C 语言－程序设计－高等职业教育－教材 Ⅳ.①TP312.8

中国版本图书馆 CIP 数据核字（2020）第 171438 号

责任编辑：张龙卿
封面设计：范春燕
责任校对：袁 芳
责任印制：宋 林

出版发行：清华大学出版社
网 址：http://www.tup.com.cn，http://www.wqbook.com
地 址：北京清华大学学研大厦 A 座 邮 编：100084
社 总 机：010-83470000 邮 购：010-62786544
投稿与读者服务：010-62776969，c-service@tup.tsinghua.edu.cn
质量反馈：010-62772015，zhiliang@tup.tsinghua.edu.cn
课件下载：http://www.tup.com.cn，010-83470410
印 装 者：三河市少明印务有限公司
经 销：全国新华书店
开 本：185mm×260mm 印 张：13.25 字 数：299 千字
版 次：2010 年 4 月第 1 版 2021 年 3 月第 3 版 印 次：2023 年 8 月第 4 次印刷
定 价：49.00 元

产品编号：090060-01

编审委员会

出版说明

我国高职高专教育经过十几年的发展，已经转向深度教学改革阶段。教育部于2012年3月发布了教高〔2012〕第4号文件《关于全面提高高等教育质量的若干意见》，大力推行工学结合，突出实践能力培养，全面提高高职高专教学质量。

清华大学出版社作为国内大学出版社的领跑者，为了进一步推动高职高专计算机专业教材的建设工作，适应高职高专院校计算机类人才培养的发展趋势，2012年秋季开始了切合新一轮教学改革的教材建设工作。该系列教材一经推出，就得到了很多高职院校的认可和选用，其中部分书籍的销售量超过了三万册。现根据计算机技术发展及教改的需要，重新组织优秀作者对部分图书进行改版，并增加了一些新的图书品种。

目前，国内高职高专院校计算机相关专业的教材品种繁多，但符合国家计算机技术发展需要的技能型人才培养方案并能够自成体系的教材还不多。

我们组织国内对计算机相关专业人才培养模式有研究并且有丰富的实践经验的高职高专院校进行了较长时间的研讨和调研，遴选出一批富有工程实践经验和教学经验的"双师型"教师，合力编写了该系列适用于高职高专计算机相关专业的教材。

本系列教材是以任务驱动、案例教学为核心，以项目开发为主线而编写的。我们研究分析了国内外先进职业教育的教改模式、教学方法和教材特色，消化吸收了很多优秀的经验和成果，以培养技术应用型人才为目标，以企业对人才的需要为依据，将基本技能培养和主流技术相结合，保证该系列教材重点突出，主次分明，结构合理，衔接紧凑。其中的每本教材都侧重于培养学生的实战操作能力，使学、思、练相结合，旨在通过项目实践，增强学生的职业能力，并将书本知识转化为专业技能。

一、教材编写思想

本系列教材以案例为中心，以技能培养为目标，围绕开发项目所用到的知识点进行讲解，并附上相关的例题来帮助读者加深理解。

在系列教材中采用了大量的案例,这些案例紧密地结合教材中介绍的各个知识点,内容循序渐进、由浅入深,在整体上体现了内容主导、实例解析、以点带面的特点,配合课程采用以项目设计贯穿教学内容的教学模式。

二、丛书特色

本系列教材体现了工学结合的教改思想,充分结合教改现状,突出项目式教学改革的成果,着重打造立体化精品教材。具体特色包括以下方面。

(1) 参照和吸纳国内外优秀计算机专业教材的编写思想,采用国内一线企业的实际项目或者任务,以保证该系列教材具有更强的实用性,并与理论内容有很强的关联性。

(2) 准确把握高职高专计算机相关专业人才的培养目标和特点。

(3) 每本教材都通过一个个的教学任务或者教学项目来实施教学,强调在做中学、学中做,重点突出技能的培养,并不断拓展学生解决问题的思路和方法,以便培养学生未来在就业岗位上的终身学习能力。

(4) 借鉴或采用项目驱动的教学方法和考核制度,突出计算机技术人才培养的先进性、实践性和应用性。

(5) 以案例为中心,以能力培养为目标,通过实际工作的例子来引入相关概念,尽量符合学生的认知规律。

(6) 为了便于教师授课和学生学习,清华大学出版社网站(http://www.tup.com.cn)免费提供教材的相关教学资源。

当前,高职高专教育正处于新一轮教学深度改革时期,从专业设置、课程体系建设到教材建设,依然有很多新课题值得我们不断研究。希望各高职高专院校在教学实践中积极提出本系列教材的意见和建议,并及时反馈给我们。清华大学出版社将对已出版的教材不断地进行修订并使之更加完善,以提高教材质量,完善教材服务体系,继续出版更多的高质量教材,从而为我国的职业教育贡献我们的微薄之力。

教材编审委员会

2017 年 3 月

前　言

习近平总书记在党的二十大报告中指出：教育、科技、人才是全面建设社会主义现代化国家的基础性、战略性支撑；必须坚持科技是第一生产力、人才是第一资源、创新是第一动力；深入实施科教兴国战略、人才强国战略、创新驱动发展战略，这三大战略共同服务于创新型国家的建设。

一、缘起

C#是微软公司发布的一种面向对象的、运行于.NET Framework之上的高级程序设计语言，它是一种安全、稳定、简单且由C和C++衍生出来的面向对象的编程语言。C#以其强大的操作功能、严谨的语法风格、创新的语言特性和便捷的面向组件编程的特点成为.NET开发的首选语言。

编者通过多年从事程序设计语言教学的经验来看，学生要想学好一门程序设计语言，在启蒙阶段不能太难，要遵循学习的规律，不能一开始就出现大段的代码，否则教师教得很费劲，学生也会学得一头雾水，不知所云。

本书根据高职高专学生的特点编写，用最简单的学习任务讲解基础的程序设计知识。本书遵循理论“必需、够用”的原则，强调实践应用、好学好教的思路，将每一个知识点都有机地融入一个个分散的学习任务中，读者可以通过完成这些任务掌握相关的知识，不必遵循传统的方式进行教与学。

本书的第3版在上一版基础上进行了较大的修改，特别是学习任务的设计方面进行了进一步完善，加强了任务拓展部分，让学生在完成基本任务后还有提升的空间。同时，实训部分也得到了进一步完善，实训题目密切配合课堂教学，再配套立体化的教学资源，使教与学融为一体。本书对面向对象程序设计部分也进行了全面改版，力求用简洁明了的语言讲解最难懂的部分。

二、本书内容

本书分三个阶段共七章。第一阶段介绍C#基础知识，第二阶段介绍WinForm编程，第三阶段介绍如何进行课程设计。三个阶段是一个进阶的过程,第一阶段和第二阶段都有相应的阶段项目供读者学习。本书七章的具体内容如下。

第1章为C#语言概述,通过三个简单学习任务来介绍C#编程环境,也强调了如何进行程序的调试,并给出了调试的方法和建议。

第2章为C#程序设计基础,主要介绍C#基础知识,包括变量、常量、数据类型及转换、运算符与表达式、条件判断语句、循环语句、跳转语句、数组以及异常处理的用法。

第3章通过阶段项目一介绍四则运算计算器的设计,主要介绍如何进行整数四则运算计算器、实数四则运算计算器以及带记忆功能四则运算计算器的设计。

第4章介绍WinForm常用控件的使用,主要介绍单选按钮(RadioButton)、复选框(CheckBox)、列表框(ListBox)、组合框(ComboBox)、分组类控件、消息对话框、图片框、ImageList控件、TreeView控件、ListView控件的用法。

第5章介绍面向对象程序设计,主要介绍面向对象的基本知识,包括类的定义及其实例化、构造函数与析构函数、属性、继承、多态等内容。

第6章通过阶段项目二介绍学生成绩管理系统的设计,主要介绍整个系统的设计过程以及相关代码的编写,还介绍了系统的窗体美化和系统打包部署等内容。

第7章介绍如何进行课程设计,列出5个备选课程设计题目,给出基础的系统设计架构。

三、如何使用

虽然本书的所有学习任务都是在Visual Studio 2015编程环境下编写的,根据学校机房环境的不同,本书同样可以作为编程环境为Visual Studio 2010、Visual Studio 2012、Visual Studio 2017甚至Visual Studio 2019学校的学生教材。本书在对应网站上还提供了相应的编程环境下的源代码以供参考。本书教给读者的是学习的方法,编程环境的变化对学习只有很小的影响。

(1) 教学资源

序号	资源名称	表现形式与内涵
1	课程标准	Word电子文档,包含课程定位、课程目标要求、课程教学内容、学时分配等内容,可供教师备课用
2	授课计划	Word电子文档,是教师组织教学的实施计划表,包括具体的教学进程、授课内容、授课方式等
3	教学设计	Word电子文档,是指导教师如何实施课堂教学的参考文档
4	PPT课件	RAR压缩文档,是提供给教师和学习者的教与学的课件,可直接使用
5	考核方案	Word电子文档,对课程提出考核建议,指导课程如何考核
6	实训指导书	Word电子文档,是本书实训部分的总和
7	学习指南	Word电子文档,提供学习的建议
8	学习视频	形式多样,有直接的视频文件,也有参考网址
9	学习任务源码	RAR压缩文档,包括本书所有学习任务的源代码

续表

序号	资 源 名 称	表现形式与内涵
10	阶段项目源码	RAR 压缩文档，包括两个阶段项目源代码
11	学生作品	RAR 压缩文档，提供部分学生的优秀作品，可供学习者参考
12	参考资源	Word 电子文档，提供其他的学习 C# 的资源，包括一些网络链接等

本书虽然提供了学习任务和阶段项目的源代码，但不会给教师的教学带来不利影响，本书为每个学习任务都配套列出了相应的拓展要求，并且实训内容密切结合上课内容，对学生的要求也是适当和准确的。

(2) 课时分配

序号	教 学 内 容	合计课时
1	C#语言概述	4
2	C#程序设计基础	12
3	阶段项目一：四则运算计算器	8
4	WinForm 常用控件的使用	4
5	面向对象程序设计	8
6	阶段项目二：学生成绩管理系统	20
7	课程设计	8
	合　　计	64

四、致谢

本书由谭恒松担任主编，严良达、张乐涛、焦宗钦担任副主编，方俊也参加了编写。在编写过程中，还得到了黄崇本、钱冬云、龚松杰、韦存存、徐畅等教师的大力支持和帮助，他们提出了许多宝贵的意见和建议，在此特向他们表示衷心的感谢。

由于编者水平有限，书中不妥之处在所难免，希望广大读者批评、指正。

编　者

2023 年 1 月

目 录

第 1 章　C#语言概述

本章知识目标

- 掌握 Visual Studio 2015 集成开发环境的用法。
- 掌握 Windows 窗体应用程序的创建方法。
- 掌握创建控制台应用程序的方法。
- 掌握简单程序的调试方法。

本章能力目标

- 能够应用 Visual Studio 2015 集成开发环境开发一个简单程序。
- 能够进行简单错误的调试。

Visual Studio 2015 是 Microsoft(微软)公司推出的一套完整的开发工具,用于生成 ASP.NET Web 应用程序、XML Web Services、桌面应用程序和移动应用程序。Visual Studio 2015 包含了 Visual C#、Visual C++ 等几种编程语言,所有的语言使用相同的集成开发环境(IDE),利用此 IDE 可以共享工具并且有助于创建混合语言解决方案。另外,这些语言利用了.NET Framework 的功能,通过此框架可简化 ASP Web 应用程序和 XML Web Services 的开发。

1.1　C# 语言简介

1.1.1　.NET 框架概述

.NET Framework 通常称为.NET 框架,它是一个建立、配置和运行 Web 服务及应用程序的多语言环境,是 Microsoft 的一个新的程序运行平台。.NET Framework 的关键组件为公共语言运行时(CLR)和.NET Framework 类库(包括 ADO.NET、ASP.NET、Windows 窗体和 Windows Presentation Foundation(WPF))。.NET Framework 提供了托管执行环境、简化的开发和部署以及对各种编程语言的集成。

1. 公共语言运行时(CLR)

公共语言运行时是.NET Framework 的基础,是一个在执行时管理代码的代理,它提供内存管理、线程管理和远程处理等核心服务,并且还强制实施严格的类型安全以及可提高安全性和可靠性的其他形式的代码准确性。代码管理的概念是运行时的基本原则。以运行时为目标的代码称为托管代码,而不以运行时为目标的代码称为非托管代码。

有了公共语言运行时,就可以很容易地设计出能够跨语言交互的组件和应用程序的对象,即用不同语言编写的对象可以互相通信,并且它们的行为可以紧密集成。

2. .NET Framework 类库

.NET Framework 类库是一个与公共语言运行库紧密集成的可重用的类型集合。该框架为开发人员提供了统一的、面向对象的、分层的和可扩展的类库集(API)。可以使用API开发多种应用程序,这些应用程序包括传统的命令行或图形用户界面(GUI)应用程序,也包括基于 ASP.NET 所提供的最新创新的应用程序(如 Web 窗体和 XML Web Services)。

.NET Framework 可由非托管组件承载,这些组件将公共语言运行库加载到它们的进程中并启动托管代码的执行,从而创建一个可以同时利用托管和非托管功能的软件环境。.NET Framework 不但提供若干个运行库宿主,而且还支持第三方运行库宿主的开发。公共语言运行时和类库与应用程序之间以及与整个系统之间的关系如图 1-1 所示。

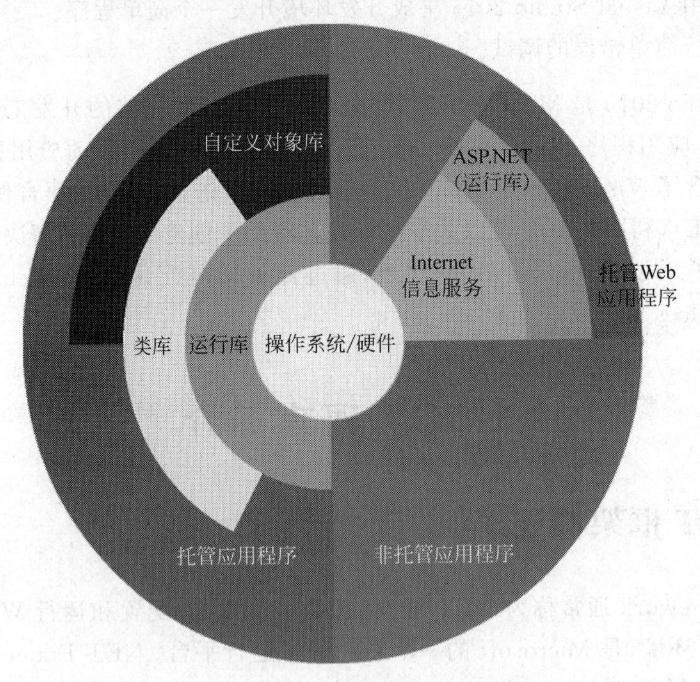

图 1-1 .NET Framework 环境

1.1.2 C#语言的特点

C#(读作 C Sharp)是 Visual Studio 2015 中的一种编程语言,它是由 C 和 C++ 语言

发展而来的，具有更简洁、更先进、类型安全以及面向对象等特点。C#语法表现力强，只有不到90个关键字，而且简单易学。C#的大括号语法使任何熟悉C、C++或Java的人都可以立即上手。任何一种语言的开发人员通常在很短的时间内就可以开始使用C#进行高效的工作。C#代码是作为受控代码（managed code）进行编译的，这意味着它们能够得到通用开发语言的服务支持，例如语言互用、冗码剔除、安全性提高以及改进的版本支持等。Visual Studio支持Visual C#，这是通过功能齐全的代码编辑器、项目模板、设计器、代码向导、功能强大且易于使用的调试器以及其他工具实现的。通过.NET Framework类库，可以访问多种操作系统服务和其他精心设计的有用类，应用这些类可显著缩短开发周期。

1.2　Visual Studio 2015的集成开发环境介绍

Microsoft Visual Studio 2015的IDE（集成开发环境）为Visual C#、Visual C++等提供统一的集成开发环境，拥有强大的功能，了解并掌握这些功能可以帮助用户快速有效地建立应用程序。

1.2.1　启动Visual Studio 2015

启动Microsoft Visual Studio 2015。在计算机中单击【开始】按钮，选择Visual Studio 2015，如图1-2所示，即可启动Microsoft Visual Studio 2015。

图1-2　Microsoft Visual Studio 2015启动图标

1.2.2　Visual Studio 2015的集成开发环境

启动Visual Studio 2015后，会出现Visual Studio 2015集成开发环境，首先是一个【起始页】，如图1-3所示。

起始页除了能新建项目和打开项目以外，还包含最近打开过的一部分项目、一些新增功能介绍和供开发者浏览的一些新闻列表。

选择【文件】→【新建】→【项目】→Windows→【Windows窗体应用程序】命令，选择适当的文件位置及名称后，再单击【确定】按钮，将会出现Visual Studio 2015的集成开发环境（IDE），如图1-4所示。集成开发环境由标题栏、菜单栏、工具栏、工具箱、项目设计区、浮动面板区组成。

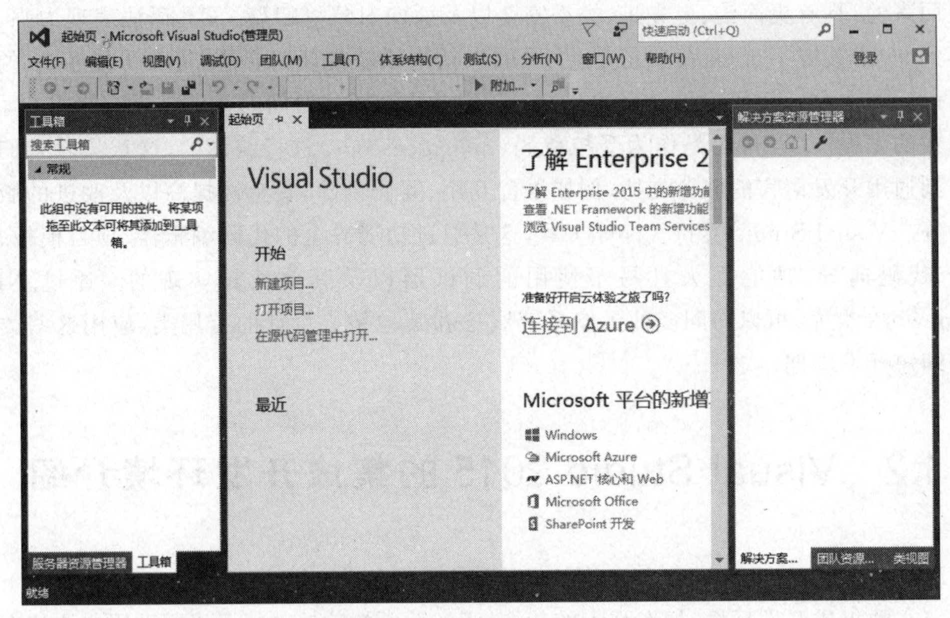

图 1-3 起始页

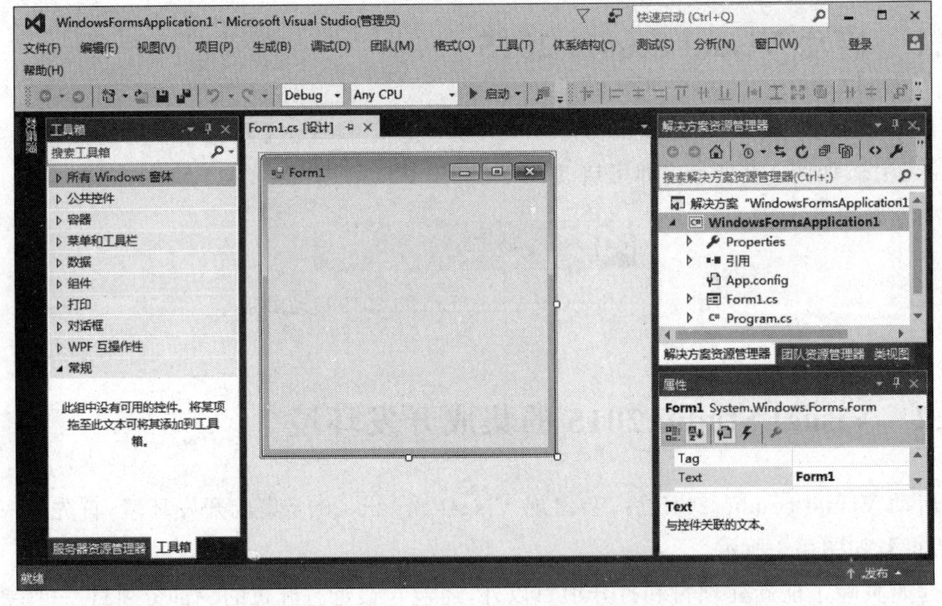

图 1-4 Visual Studio 2015 集成开发环境

1. 标题栏

标题栏位于窗口的最上方,它的作用和其他 Windows 窗口基本一样。标题栏显示项目的名称以及当前程序所处的状态,如“正在运行”等。

2. 菜单栏

菜单栏中的菜单命令几乎包括了所有常用的功能。其中比较常用的【文件】菜单主要用来新建、打开、保存和关闭项目;【编辑】菜单主要用来剪切、复制、粘贴、删除、查找和替换程序代码;【视图】菜单主要是对各种窗口进行显示和隐藏;【调试】菜单主要用来调试程序。

3. 工具栏

工具栏提供了最常用的功能按钮。开发人员熟悉工具栏可以大大节省工作时间,提高工作效率。一般工具栏上面有【标准】工具栏和【布局】工具栏,【标准】工具栏将常用的操作命令以按钮的形式展现,【布局】工具栏是将常用的【格式】菜单命令以按钮形式展现。

4. 工具箱

工具箱(见图 1-5)是 Visual Studio 2015 的重要工具,它提供了进行开发 Windows 应用程序所必需的控件。工具箱是一个浮动的树状控件,它与 Windows 资源管理器的工作方式非常类似,同时展开【工具箱】的多个段(称为“选项卡”),整个目录树在工具箱内部滚动。单击一个名称旁边的加号(+),可以展开工具箱的选项卡;单击一个名称旁边的减号(—),可以折叠一个已展开的选项卡。

图 1-5　工具箱

工具箱显示可以添加到项目中的相应项的图标。每次返回编辑器或设计器时,工具箱都会自动滚动到最近选择过的选项卡和项。当把焦点转移到其他编辑器、设计器或另一个项目时,工具箱中当前选定内容也相应转移。

5. 窗体设计器和【代码】窗口

应用程序设计器为应用程序开发提供一个设计器界面,其中窗体设计器可以设置程序的图形用户界面,而【代码】窗口可以进行代码的编写,如图 1-6 和图 1-7 所示。

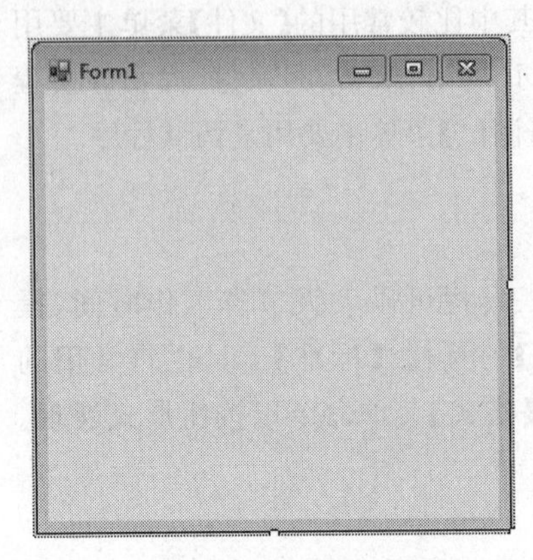

图 1-6　窗体设计器

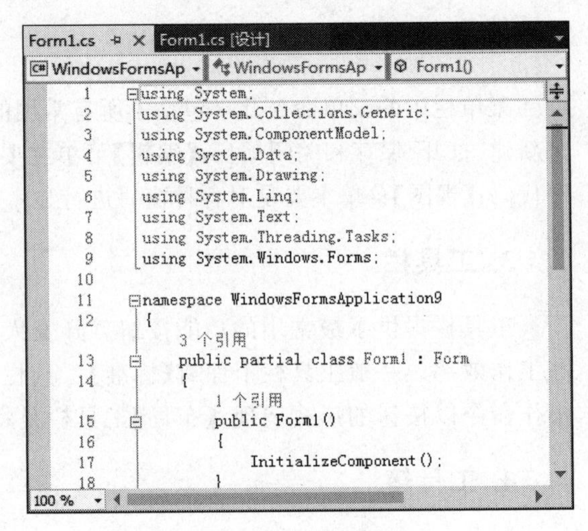

图 1-7　【代码】窗口

6. 解决方案资源管理器

解决方案资源管理器主要用于管理解决方案或项目,利用解决方案资源管理器可以查看项并执行项管理任务,还可以在解决方案或项目上下文的外部处理文件。

解决方案资源管理器利用树形视图(见图 1-8)提供项目及其文件的组织关系,并且为用户提供了对项目和文件相关命令的便捷访问。从该视图中可以直接打开项目项进行修改和执行其他管理任务。由于不同项目存储项的方式不同,解决方案资源管理器中的文件夹结构不一定会反映出所列项的物理存储。与此窗口关联的工具栏提供适用于列表中突出显示的项的常用命令。

7.【属性】面板

【属性】面板用来查看和设置位于编辑器与设计器中选定对象的属性以及事件。可以单击【视图】菜单的【属性】命令来打开该面板,如图 1-9 所示。

图 1-8　解决方案资源管理器

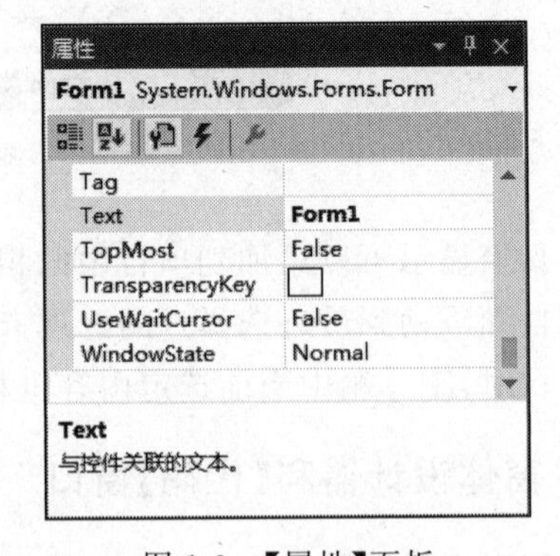

图 1-9　【属性】面板

说明：如果主窗口中没有【解决方案资源管理器】，可以在【视图】菜单中选择【解决方案资源管理器】命令来打开它。同样，工具箱等也可以在【视图】菜单中选择相应命令来打开。

1.3　窗体和基本控件

在 Visual Studio 2015 集成开发环境中我们接触到了窗体和控件，其中窗体是向用户显示信息的可视界面板，而控件则是 Visual Studio.NET 编程的基础，是构成用户界面的基本元素，标签、按钮、文本框等是基本控件。每一个控件在 Visual Studio 中都是一个对象，要使用这些控件，通常要设置控件的属性以及建立事件，有时编程时还要用到控件的方法。

- 属性：是对象所具有的一些可描述的特点，如大小、颜色等。
- 事件：是对象对某些预定义的外部动作进行响应，如单击按钮、移动鼠标等。
- 方法：系统已经提供的一种特殊的子程序，用来完成一定的操作，如文本框光标的定位等。

1.3.1　窗体

窗体(Form)是向用户显示信息的可视图面板，是开发 Windows 桌面应用程序的基础。窗体实质上是一块空白板，开发人员可以通过添加控件来创建用户界面，并通过编写代码来操作数据，从而填充这个空白板。

1. 窗体的常用属性

(1) Name：用于设置窗体的名称，如系统默认标签的名称为 Form1、Form2 等。

给控件命名时必须保持良好的习惯，对控件的命名应该做到见名知义。在命名时，首先书写控件名称的简写，后面是描述控件动作或功能的英文单词。英文单词可以是一个，也可以是多个。每个英文单词的首字母应该大写，如 frmLogin，就是给一个用于登录界面的窗体命名。其他控件的命名可以参考附录 B。

(2) Text：用于设置控件显示的内容，通过改变它的值，可以使控件显示不同的内容。

(3) BackColor：用于设置窗体的背景颜色。

(4) ForColor：用于设置窗体的前景颜色。

(5) Size：获取或者设置窗体的大小。

(6) FormBorderStyle：获取或者设置窗体的边框和标题栏样式。

(7) Icon：指示窗体的图标。

(8) WindowState：确定窗体的初始可视状态，可选值为 Normal(普通)、Minimized(最小化)和 Maximized(最大化)，默认为 Normal。

2. 窗体的常用事件

(1) Click(单击)事件：当单击窗体时，将会触发窗体的 Click 事件。

(2) Load(加载)事件：窗体加载时，将会触发窗体的 Load 事件。窗体的 Load 事件在后面的程序中应用得比较多。

(3) FormClosing(关闭)事件：窗体关闭时，将会触发窗体的 FormClosing 事件。

3. 窗体的常用方法

(1) Show：显示窗体。

(2) Hide：隐藏窗体。

1.3.2 标签

标签(Label)控件是最简单的控件。一般来说，应用程序在窗体中显示静态文本时使用标签控件，在运行状态标签控件中的文本为只读状态，用户不能编辑，因此，标签只是用来显示信息提示而已。

1. 标签控件的常用属性

标签也有 Name、Text、BackColor、ForColor 及其他一些属性，部分常用属性的作用说明如下。

(1) Enabled：用于设置对象是否可以使用。有两个选项：True 和 False。

(2) Visible：用于设置控件的可见性。有两个选项：True 和 False。如果将标签的此属性设置为 False，则程序运行时标签将隐藏起来。

(3) Font：用于设置输出字符的各种特性，包括字体的类型、字体大小等。在【属性】面板中可以通过单击属性值右边的小按钮弹出【字体】对话框来设置字体，也可以展开 Font 属性左边的加号来对字体进行设置。

(4) TextAlign：用于设置控件中显示文本的对齐方式，共有 9 个可选项，分别为 TopLeft、TopCenter、TopRight、MiddleLeft、MiddleCenter、MiddleRight、BottomLeft、BottomCenter、BottomRight。

(5) BorderStyle：用于设置标签的边框形式，有 3 个设置值：None 表示无边框，为系统默认值；FixedSingle 表示边框为单直线型；Fixed 3D 表示边框为凹陷型。

(6) AutoSize：用于设置标签的大小是否根据标签的内容自动调整。True 表示自动调整大小，False 表示不自动调整大小。

2. 标签控件的常用事件

标签可用的事件很多,但一般标签只用于显示提示信息,所以一般应用程序中标签不建立事件,但有时也用到标签的 Click 事件。

1.3.3 文本框

文本框(TextBox)控件用于获取用户输入或者显示的文本,一般用于可编辑文本,也可以使其成为只读控件。文本框可以显示单行,也可以显示多行。

1. 文本框控件的常用属性

同样,文本框也有 Name、Text、Font 等属性,这里不做重复介绍,下面只介绍其他属性。

(1) MaxLength:用于设置文本框中最多可容纳的字符数。当设定为0时,表示可以容纳任意多个输入字符,最大值为32767。若设置为其他数值时,则这一数值就是可以容纳的最多字符数(汉字也作为一个字符处理)。

(2) MultiLine:用于设置文本框中是否允许显示和输入多行文本。当将其设置为 True 时,表示可以显示和输入多行文本。当要显示或者输入的文本超过文本框的右边界时,文本会自动换行,在输入时也可以按 Enter 键强行换行。当将其设置为 False 时,不允许显示和输入多行;当要显示或者输入的文本超过文本框的右边界时,将只显示一部分文本,并且在输入时也不会对 Enter 键做换行的反应。

(3) PasswordChar:用于设置文本框是否用于输入口令类文本。如将其值设置为"*"时,运行程序时用户输入的文本只会显示为一个或者多个"*",但系统接收的却是用户输入的文本。系统默认为空字符,此时用户输入的可显示文本将直接显示在文本框中。

如果将 MultiLine 属性设置为 True,则设置 PasswordChar 属性不会产生任何视觉效果。如果对 PasswordChar 属性进行了设置,则不管将 MultiLine 属性设置为什么值,均不允许使用键盘在控件中执行复制、剪切和粘贴的操作。

(4) ReadOnly:用于设置文本框为只读,用户无法在文本框中输入数据。

(5) ScrollBars:用于设置文本框是否有滚动条,总共有4个可选值。

None:表示不带滚动条。

Horizontal:表示带有水平滚动条。

Vertical:表示带有垂直滚动条。

Both:表示带有水平和垂直滚动条。

(6) WordWrap:用于设置多行文本框在必要时是否自动换行到下一行的开始。如果多行文本框控件可以换行,则该属性设置为 True,该值为默认值;如果当用户输入的内容超过了控件的右边界时,文本框控件自动水平滚动,则为 False。如果此属性设置为 True,则不管 ScrollBars 属性设置为什么值,都不会显示水平滚动条。

2. 文本框控件的常用事件

(1) TextChanged 事件:在控件上更改 Text 属性值时引发该事件。

(2) Enter 事件：当文本框成为窗体的活动控件时引发该事件。

(3) Leave 事件：当文本框不再是窗体的活动控件时引发该事件。

(4) KeyDown、KeyPress 和 KeyUp 事件。

KeyDown 事件在首次按下某个键时引发。

KeyPress 事件在文本框具有焦点并且用户按下并释放某个键后引发。

KeyUp 事件在释放某个键时引发。

3. 文本框控件的常用方法

(1) Focus：可以使文本框获得焦点，如 textBox1.Focus()。

(2) Clear：清除文本框中当前显示的所有文本，如 textBox1.Clear()。

(3) Copy：将文本框中选定的文本复制到剪贴板。

(4) Cut：将文本框中选定的文本复制到剪贴板，同时删除选定的文本。

(5) Paste：用剪贴板中的文本替换文本框中的选定文本。

1.3.4 按钮

用户与应用程序交互的最简便的方法就是使用按钮，按钮是绝大多数应用程序都必不可少的。每当用户单击按钮时，就调用 Click 事件处理程序。

1. 按钮控件的常用属性

按钮除了有 Name、Text、Font 等属性外，还有几个常用属性。

(1) Image：用于给按钮添加一个背景图片，但该图片不覆盖背景色。

(2) ImageAlign：用于设置图片显示在按钮上的位置，分为 TopLeft、TopCenter、TopRight、MiddleLeft、MiddleCenter、MiddleRight、BottomLeft、BottomCenter、BottomRight 9 个属性值，用户可以直接选择。

2. 按钮控件的常用事件

按钮的常用事件是 Click 事件，几乎所有的 Windows 窗体应用程序都使用按钮的 Click 事件。按钮没有 DoubleClick 事件。

1.4 学习任务 1 登录界面的设计

1. 任务分析

本学习任务需要建立一个登录界面，通过输入用户名和密码，单击【登录】按钮，将用户的信息显示出来，具体效果如图 1-10 所示。

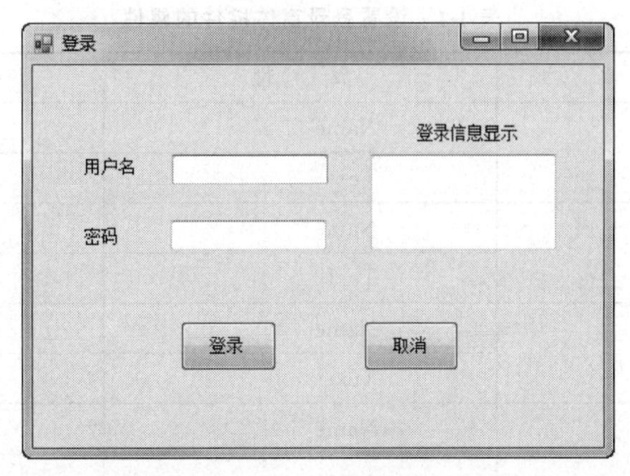

图 1-10　登录界面

2. 任务实施

(1) 启动 Visual Studio 2015,在【文件】菜单下选择【新建】→【项目】命令,在弹出的【新建项目】对话框中选择【Windows 窗体应用程序】,设置好项目的名称和保存路径,如图 1-11 所示,再单击【确定】按钮。

图 1-11　创建新项目

(2) 进入工具箱,将相应的控件拖曳到窗体上,设置各控件的属性,界面效果如图 1-10 所示,具体的控件属性设置参考表 1-1。

表 1-1 设置登录窗体控件的属性

控件名称	属性	属性值
Label1	Name	lblUser
	Text	用户名
Label2	Name	lblPassword
	Text	密码
Label3	Name	lblMessage
	Text	登录信息显示
textBox1	Name	txtUser
textBox2	Name	txtPassword
	PasswordChar	*
textBox3	Name	txtMessage
	MultiLine	True
button1	Name	btnLogin
	Text	登录
button2	Name	btnCancel
	Text	取消
Form1	Name	frmLogin
	Text	登录
	Size	414,300

(3) 双击【登录】按钮生成 Click 事件,在事件中输入如下代码。

```
private void btnLogin_Click(object sender, EventArgs e)
{
    txtMessage.Text="恭喜"+txtUser.Text+"登录";
}
```

(4) 双击【取消】按钮生成 Click 事件,在事件中输入如下代码。

```
private void btnCancel_Click(object sender, EventArgs e)
{
    txtUser.Text="";
    txtPassword.Text="";
    txtMessage.Text="";
    txtUser.Focus();
}
```

(5) 调试程序。在【调试】菜单下选择【启动调试】命令或单击工具栏中的绿三角按钮▶,或者按下 F5 键,均可对程序进行调试。

3. 代码关键点分析与拓展

语句 1：

```
txtMessage.Text="恭喜"+txtUser.Text+"登录";
```

用于将文本框 txtUser 中的信息提取出来输入第 3 个文本框的 Text 属性值，其中的"＋"起到了连接两个字符串的作用。

语句 2：

```
txtUser.Text="";
txtPassword.Text="";
```

用于将两个文本框内容设置为空，清除用户输入的用户名和密码。

语句 3：

```
txtUser.Focus();
```

用于将焦点设置在第一个文本框中。

拓展：如何将密码也显示在第 3 个文本框控件中？

1.5 控制台应用程序

Visual Studio 2015 能创建 Windows 窗体应用程序外，还能创建 WPF 应用程序、控制台应用程序等。

1.5.1 控制台应用程序简介

控制台应用程序是没有窗口的应用程序，通过键盘输入命令行的形式操作程序。.NET Framework 中的应用程序可以使用 System.Console 类在控制台中读取和写入字符。读取自控制台的数据是从标准输入流读取的，而写入到控制台的数据将写入标准输出流，并且写入控制台的错误数据将写入标准错误输出流。应用程序启动时，这些数据流会自动与控制台关联。因为其主要用于调试简单程序，在一般介绍 C# 的书籍中应用比较多。但本书以 Windows 窗体应用程序为主，控制台应用程序将不再介绍。

1.5.2 创建控制台应用程序的步骤

(1) 启动 Visual Studio 2015。

单击【开始】按钮，选择【所有程序】→ Microsoft Visual Studio 2015 → Microsoft

Visual Studio 2015 命令,启动 Microsoft Visual Studio 2015。

(2) 创建控制台应用程序。

与创建 Windows 窗体应用程序类似,在【新建项目】窗体中选择【控制台应用程序】即可。

(3) 编写程序。

在代码窗口中编写程序。

(4) 编译并运行程序。

在【调试】菜单下选择【启动调试】命令,或者单击工具栏中的【启动调试】按钮▶,或者按 F5 键,均可启动程序的调试。

1.6 学习任务2 第一个控制台应用程序

1. 任务分析

本学习任务需要通过控制台程序打印一行字,具体效果如图 1-12 所示。

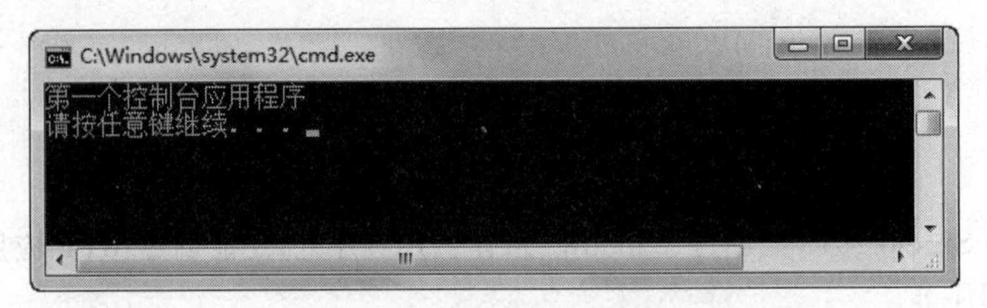

图 1-12 控制台应用程序运行界面

2. 任务实施

(1) 启动 Microsoft Visual Studio 2015。

(2) 类似于创建 Windows 窗体应用程序,在【新建项目】窗体中选择【控制台应用程序】,在【名称】文本框中输入程序的名称 FirstConsoleApplication,项目保存位置通过【浏览】按钮修改为"E:\Application\",如图 1-13 所示。

(3) 单击【确定】按钮,此时将出现如图 1-14 所示的代码窗口。

(4) 在集成开发环境中修改创建项目中 Program.cs 的代码,在代码"static void Main(string[] args)"下面的一对大括号({})之间输入如下代码。

```
Console.WriteLine("第一个控制台应用程序");
```

(5) 按 Ctrl+F5 组合键可以启动程序而不进行调试。

图 1-13　创建控制台应用程序

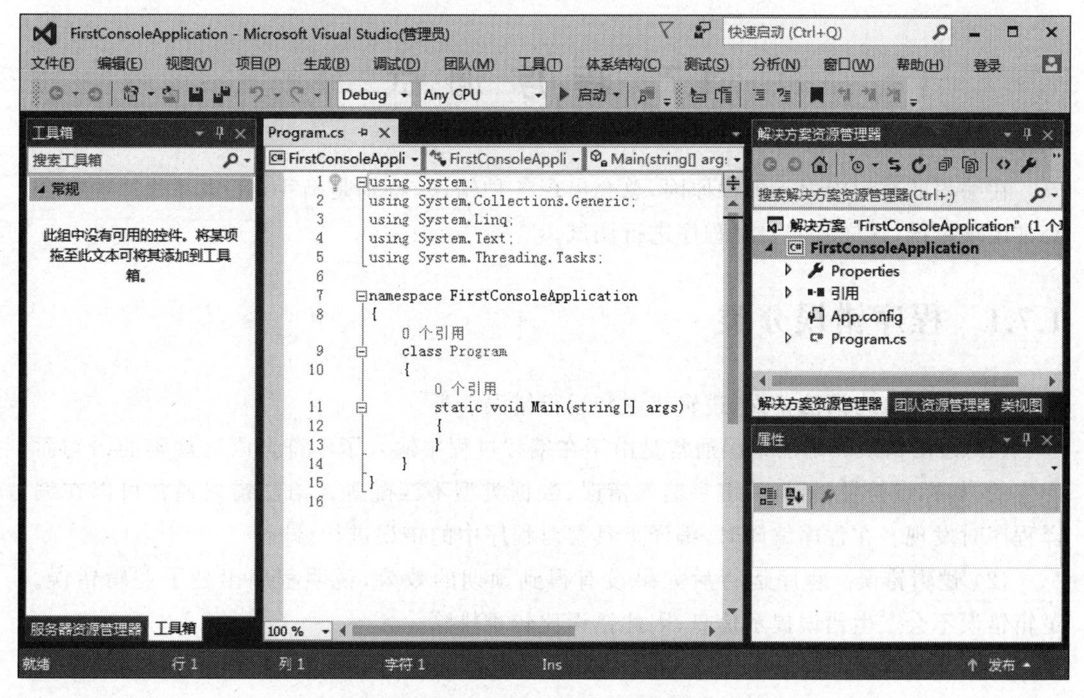

图 1-14　集成开发环境的代码窗口

3. 代码关键点分析与拓展

(1) 在本程序自动生成的代码中,语句"using System、using System.Collections.Generic、using System.Linq、using System.Text"中使用 using 表示程序中引用的类,System、System.Collections.Generic、System.Linq 和 System.Text 为控制台应用程序默认的引用库。

(2) namespace FirstConsoleApplication 表示命名空间。

(3) 创建项目时,程序自动创建 Program 类。C#的每一程序至少有一个自定义类。在 C#中用关键字 Class 引导一个类的定义,Program 为类的名称。class Program 后左侧的大括号"{"表示开始一个类的定义,对应的右侧大括号"}"用来结束类的定义。如果大括号不成对出现,会出现编译错误。

(4) 任何一个可执行的程序中都包含了一个 Main 方法,Main 方法是程序的入口。程序启动时,将执行 Main 方法中的代码。void 关键字表明该方法执行任务后不返回任何信息。左侧的大括号"{"开始定义方法的主体内容,对应的右侧大括号"}"用来结束方法的定义。

(5) 语句"Console.WriteLine("第一个控制台应用程序");"用于将字符串写入标准输出流。

拓展: 编写代码,通过键盘输入"欢迎进入 C#世界",然后在屏幕上输出。

1.7 程序调试

在编程的过程中由于种种原因,总会出现各种错误,特别是新手,在学习的过程中会经常出现错误,这样就需要对程序进行调试。

1.7.1 程序错误分类

程序错误分为语法错误、逻辑错误和运行错误 3 类。

(1) 语法错误。语法错误通常是由于在编程过程中输入了不符合语法规则的语句而产生的,如标点符号错误、关键字输入错误、数据类型不匹配等。语法错误通常可以在编译程序时发现。在程序编译时,编译工具会对程序中的错误进行诊断。

(2) 逻辑错误。程序运行后如果没有得到预期的效果,说明程序出现了逻辑错误。逻辑错误不会产生错误提示信息,因此错误比较难排除。

(3) 运行错误。程序在运行过程中出现错误称为运行错误,如数组下标越界、除数为零。

1.7.2 MSDN 帮助

当编程过程中不知道控件的某个属性或者某个不常用的类怎样使用时，可以寻求 MSDN 帮助。

MSDN 的全称是 Microsoft developer network，是微软公司面向软件开发者的一种信息服务，是一个以 Visual Studio 和 Windows 平台为核心整合的开发虚拟社区，包括技术文档、在线电子教程、网络虚拟实验室、微软产品下载、Blog、BBS、MSDN WebCast 与 CMP 合作的 MSDN 杂志等一系列服务。

开发者接触到的最多关于 MSDN 的信息可能是来自 MSDN Library。MSDN Library 涵盖了微软全套可开发产品线的技术开发文档和科技文献，也包括刊发过的 MSDN 杂志节选和部分经典书籍的节选章节。

寻求 MSDN 帮助的方式有以下几种。

(1) 单击【开始】按钮，选择【所有程序】→Microsoft Visual Studio 2015→【Microsoft Visual Studio 2015 文档】命令，启动 MSDN Library。

(2) 在编程过程中如要学习文本框的使用方法，可以直接选中文本框，按 F1 键。如果对某个代码对象不了解，可以将光标放在相应的代码上，按 F1 键，即可打开联机帮助中的相应内容。

(3) 直接通过网络访问 MSDN 的官网 http://msdn.microsoft.com/zh-cn/library。

1.7.3 养成良好的编程习惯

养成良好的编程习惯不但可以提高编程效率、减少出错的机会，还会使程序代码具有更好的可读性，便于程序员之间的交流。以下是关于 C#编程的几个建议。

(1) 边写代码边写注释的好习惯。在程序中写入注释是一个好的编程习惯，特别是当需要别人来阅读代码时，注释的作用就更明显了。注释是开发人员最重要的工具之一，所有的编程语言都有支持注释的功能。

(2) 书写语句块时，先写下一对大括号“{}”，然后在其中添加相关代码。

(3) 不书写复杂的语句行，一行代码只完成一项功能。

(4) if、while、for 等语句要单独占一行。

(5) 采用适当的缩进，在多层嵌套时，相同层次嵌套的缩进相一致。

(6) 标识符的命名一定要规范，尽量做到见名知义。

1.8　学习任务3　简单错误的调试

1. 任务分析

本学习任务通过调试错误代码,学习如何对简单错误进行调试,具体效果如图1-15所示。

2. 任务实施

(1) 启动 Visual Studio 2015,创建一个名为 DebugApp 的 Windows 窗体应用程序。

(2) 界面设计如图1-16所示,控件属性如表1-2所示。

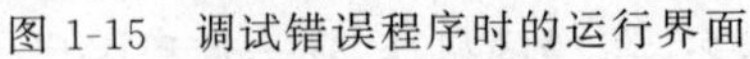
图1-15　调试错误程序时的运行界面

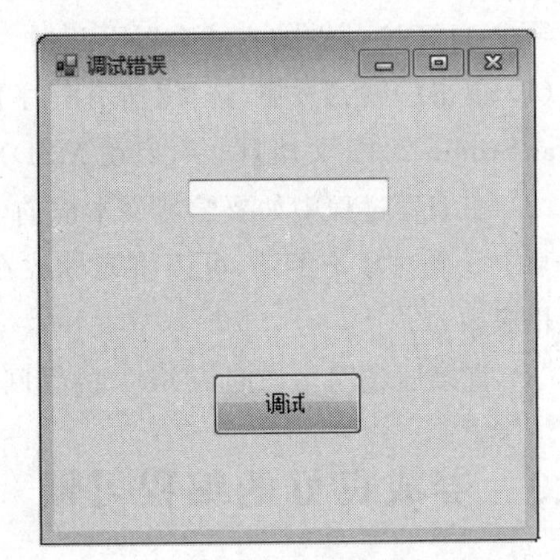

图1-16　调试界面

表1-2　调试错误窗体中控件属性的设置

控件名称	属　性	属 性 值
textBox1	Name	txtDebug
button1	Name	btnDebug
	Text	登录
Form1	Name	frmDebug
	Text	调试错误
	Size	300,300

(3) 代码编辑。在窗体中双击按钮,进入代码编辑状态,在代码窗口中输入代码。

```
private void btnDebug_Click(object sender, EventArgs e)
{
    txtDebug.Text="调试成功!
```

```
}
```

（4）程序调试。单击工具栏中的【启动调试】按钮▶，启动程序，出现程序编译错误提示，如图 1-17 所示。

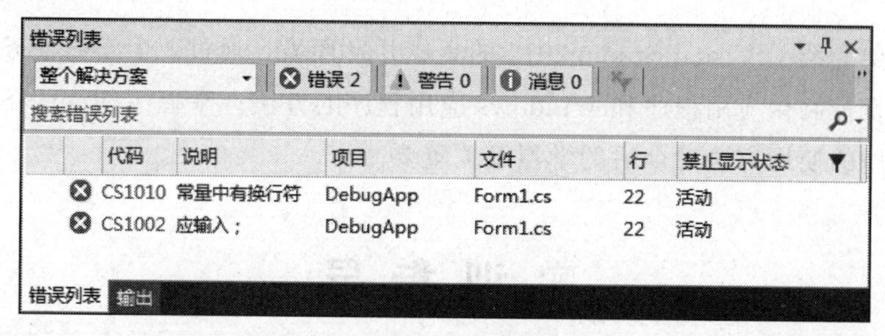

图 1-17　错误列表

在错误列表中双击第一个错误，光标则定位到【代码】窗口的出错位置上，此时会出现“常量中有换行符”的提示信息，如图 1-18 所示。

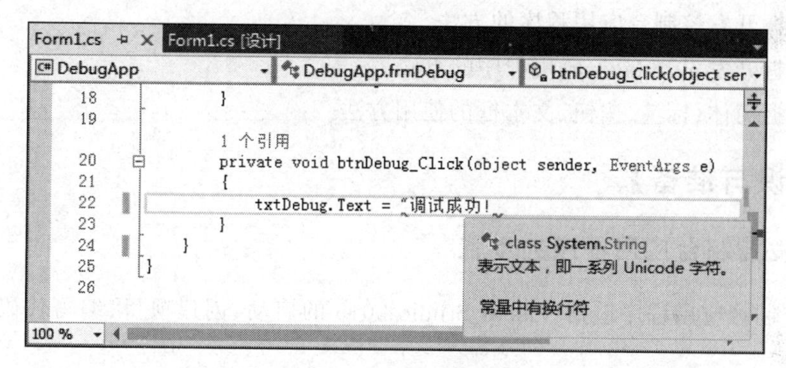

图 1-18　错误提示

通过观察可知，出错的原因是字符串只有左侧双引号，没有右侧双引号，所以为其添加右侧双引号。同样，错误 2 很明显，需要添加一个分号。

至此完成错误的修改，程序可以正常运行。正确的代码如下：

```
private void btnDebug_Click(object sender, EventArgs e)
{
  txtDebug.Text="调试成功!";
}
```

程序调试提醒：

（1）程序需要不停地调试。

（2）碰到错误时，要多思考出错的原因。

（3）解决不了的错误要多参考错误提示，可以求助网络的搜索引擎，相信别人也碰到过。

（4）多与同学交流，最后再向教师求助。

本 章 小 结

本章主要介绍了 Visual Studio 2015 的集成开发环境。通过3个学习任务,读者可以基本掌握开发控制台应用程序和 Windows 应用程序的方法。掌握了 Visual Studio 2015 集成开发环境的使用方法对今后的学习至关重要。

实 训 指 导

【实训目的要求】

(1) 掌握 Visual Studio 2015 的集成开发环境。

(2) 掌握开发控制台应用程序的方法。

(3) 掌握开发 Windows 应用程序的方法。

(4) 掌握窗体、标签、按钮、文本框的使用方法。

【相关知识与准备】

1. 开发控制台应用程序的步骤

创建控制台应用程序包括 Visual Studio 2015 的启动、创建项目、编写代码和编译并运行等步骤。

2. 开发 Windows 应用程序的步骤

创建 Windows 应用程序的步骤包括启动 Microsoft Visual Studio 2015、创建项目、设计控件、编写代码和调试程序等步骤。

3. 控件的常用属性

(1) Name 属性:用于设置控件的名称,控件名是作为对象的标识而引用,不会显示在窗体上。

(2) Text 属性:用于设置控件上显示的内容。

(3) Enabled 属性:用于设置控件是否可操作。当设置为 False 时,呈暗淡色,禁止用户进行操作。

(4) Visible 属性:用于设置控件是否可见。当设置为 False 时,用户看不到,但控件本身存在。

(5) Font 属性:用于设置字体。

【实训内容】

题目一：熟悉 Visual Studio C#.NET 2015 的集成开发环境。

题目二：设计一个应用程序，单击按钮时在窗体上显示“这是我的第一个 C# 应用程序”。

题目三：设计一个应用程序，单击按钮时改变当前按钮的前景色。

题目四：编写一个应用程序，要求将一门课的课程名、课程号、任课教师作为输入项，单击【提交】按钮，会在文本框中显示这门课的基本信息。

题目五：根据所学知识，通过网络收集信息，写一篇自己对 C# 的认识文章，长度为 1000 字左右。

习　题

1. 选择题

(1) C#语言是从(　　)语言演化而来的。

A. C 和 C++　　B. C 和 Delphi　　C. C 和 VB　　D. C++ 和 Java

(2) 解决方案资源管理器的功能是(　　)。

A. 编写代码

B. 用于显示选定对象的属性

C. 设计程序

D. 用于显示项目中的所有的文件和项目的设置，以及对应用程序所需的外部库的引用

(3) 程序行“Console.WriteLine("你好!");”语句的功能是(　　)。

A. 输入一行字符串　　B. 输出一行字符串

C. 输出数值　　D. 调试程序

(4) 运行和调试程序，按(　　)键。

A. F4　　B. F10　　C. F5　　D. F11

2. 简答题

(1) 说明 Main()方法的作用。

(2) 简述控件常用的属性。

第 2 章　C#程序设计基础

本章知识目标

- 理解常量和变量的含义。
- 掌握数据的基本类型及转换方法。
- 熟练掌握条件判断语句的使用方法。
- 熟练掌握循环语句的使用方法。
- 熟练掌握数组的使用方法。

本章能力目标

- 能够应用控制语句进行简单编程。
- 能够将数组应用到控制语句中。
- 能够对程序进行异常处理。

C＃是微软为.NET 平台量身定制的一种语言。使用 C＃开发的基于.NET 的应用程序具有良好的安全性和跨平台性，利用 Visual Studio.NET 的所见即所得的功能，可以使整个开发过程更为简洁明快。本章主要介绍了 C＃语言的常量和变量、数据类型及转换、运算符与表达式、流程控制和数组。在讲解以上知识点的过程中都结合了实例，使读者能够在较轻松的环境下掌握使用 C＃语言进行程序设计的方法和技巧。

2.1　变量和常量

在 C＃中，变量和常量必须先声明类型后才能使用，即变量和常量都必须是某一数据类型的变量和常量。

2.1.1　变量

1. 变量的含义

变量是指在程序运行过程中可以改变的量，通常用来保存程序运行过程中的输入数据、计算获得的中间结果和最终结果。从本质来看，变量是计算机内存的一个存储空间，是程序中存储信息的基本单元。

2. 变量的声明

变量的一般定义形式如下：

```
数据类型 变量名 1,变量名 2,...,变量名 n;
```

在 C# 语言中，定义变量时必须指定一种数据类型，定义了数据类型的变量就像存放数据的容器一样，这个容器是受类型限制的。因此，变量能告诉编译器如何解释其存储的数据。

定义变量时，相同类型的变量可以放在一起定义，中间用“,”分开。在定义变量的同时可以为变量赋值。下面是一些变量定义的例子。

```
double x, y;                    //x, y 为双精度实数类型变量
int w=20;                       //w 为整数类型变量
```

声明了一个变量后，不能使用新类型重新对它进行声明，也不能向它赋予与其声明的类型不兼容的值。例如，不能声明了一个 int 变量，然后向它赋予布尔值 false。

3. 变量的命名规范

当需要访问存储在变量中的信息时，只需要使用变量的名称。为变量起名时要遵守 C# 语言的以下规定。

(1) 变量名只能由字母、数字和下画线组成，中间不能包含空格、标点符号、运算符等其他符号。

(2) 第一个字符必须为字母或下画线。

(3) 变量名区分大小写。

(4) 变量名不能与 C# 关键字名相同。

(5) 变量名不能与 C# 中的类库名相同。

但在 C# 中有一点是例外，如果在关键字前加上前缀“@”，则可以使它变为合法的标识符。同时变量起名要尽量有意义，最好“见名知义”，如求和变量命名为 iSum，累加计数变量命名为 iCounter。

说明：关键字在附录 A 中列出。

2.1.2　常量

1. 常量的含义

常量是在编译时已知并在程序的生存期内不发生更改的不可变值，常量只能赋一次值，其值一旦设定，在程序中就不可改变。常量必须具有一个有效的符号名称和一个由数值或者字符串常量及操作构成的表达式。

2. 常量的声明

常量使用 const 修饰符进行声明。只有 C# 内置类型(System.Object 除外)可以声

明为 const。常量的一般定义形式如下:

```
const 数据类型 常量名=值表达式;
```

下面是一些常量定义的例子。

```
const double PI=3.14159;                //定义了一个名为 PI 的圆周率常量
const int WEEK=7;                       //定义了一个名为 WEEK 的常量
```

为了与变量相区别,使程序更具有可读性,常量所用的标识符通常全部使用大写字母来定义。

2.2 数据类型及转换

对于任何一门编程语言来说,数据类型都是基础。C#是一种强类型语言,每个变量和常量都有一个类型,每个计算结果的表达式也是如此。

C#的数据类型可以分为3类:数值类型、引用类型、指针类型。数值类型主要包括int、char、float、bool、byte、decimal、double、struct等常用类型;引用类型包括类类型、接口类型、委托类型、dynamic类型、object类型、string类型;指针类型仅在不安全代码中使用。

基于值类型的变量直接包含值,但值类型无法包含null值。将一个值类型变量赋给另一个值类型变量时,将复制包含的值,而引用类型变量的赋值只复制对对象的引用,而不复制对象本身。不能从值类型派生出新的类型,但结构也可以实现接口。

2.2.1 常用数据类型

1. 整数类型

整数类型是指不含小数部分的数字。在C#中有9种整数类型,整数类型的划分是根据该类型的变量在内存中所占的位数决定,位数则按照2的指数幂来定义,如byte为8位整数,则表明byte型可表示2^8个数值。表2-1列出了整型可表示的数据范围。

表 2-1 整型数据类型

类 型	数 据 范 围	大 小
sbyte	−128～127	有符号8位整数
byte	0～255	无符号8位整数
char	U+0000～U+ffff	16位Unicode字符
short	−32 768～32 767	有符号16位整数
ushort	0～65 535	无符号16位整数
int	−2 147 483 648～2 147 483 647	有符号32位整数
uint	0～4 294 967 295	无符号32位整数
long	−9 223 372 036 854 775 808～9 223 372 036 854 775 807	有符号64位整数
ulong	0～18 446 744 073 709 551 615	无符号64位整数

在程序设计中,要选择合适的数据类型。如果选择的数据类型过小,则可能在程序执行过程中出现超出数据范围的情况;如果数据类型选择过大,则可能造成存储空间的浪费。

例如,定义一个整型变量代码如下:

```
int a=10;
```

2. 实数类型

数学中不仅包括整数,也包括小数,实数类型主要用于需要使用小数的数据。C#语言中实数类型有三种:单精度(float)、双精度(double)和十进制类型(decimal)。单精度和双精度用于表示浮点数,它们的差别在于取值范围和精度不同,双精度的取值范围比单精度的取值范围大,精度要高;计算机对浮点数的运算速度要比整数的运算速度低得多,并且浮点数会占用更多的存储空间;十进制类型主要用于货币或金融方面的计算,是一种高精度、128位的数据类型。表2-2列出了实型数据类型可表示的数据范围。

表2-2 实型数据类型

类 型	数据范围	精 度
float	$-3.4\times10^{38}\sim3.4\times10^{38}$	7位
double	$\pm5.0\times10^{-324}\sim\pm1.7\times10^{308}$	15~16位
decimal	$(-7.9\times10^{28}\sim7.9\times10^{28})/(10^{0\sim28})$	28~29位有效位

在默认情况下,赋值运算符"="右侧的实数被视为double型。因此,在初始化float变量时应使用后缀F或f;在初始化decimal变量时应使用后缀M或m,例如:

```
float x=20.5f;
decimal y=205.25m;
```

3. 字符类型

字符类型(char)表示单个字符,包括英文字符、数字字符、表达符合、中文等。字符类型采用Unicode字符集。Unicode字符是16位字符,用于表示世界上大多数已知的书面语言。字符一般是用单引号括起来的一个字符,如'a'、'A',也可以通过十六进制转义符(以\x开始)或Unicode表示形式(以\u开始)给字符型变量赋值。此外,整数也可以显式地转换为字符。

例如,定义一个字符变量代码如下:

```
char ch1='a';
```

4. 布尔类型

布尔类型(bool)表示布尔逻辑量,只有两种取值:"真"或"假",在C#中,分别采用true或false两个值来表示,它们不对应于任何整数值。不能认为整数0是false,其他值是 true。bool x=1 的写法是错误的,只能写成 x=true 或 x=false。

2.2.2 类型转换

在编写 C#语言程序中,经常会碰到类型转换问题。例如整型数和浮点数相加,就需要对数据类型进行转换。C#语言中类型转换可以分为两类:隐式转换、显式转换。

1. 隐式转换

隐式转换就是系统默认的,既不需要加以声明,也不需要编写代码就可以进行的转换。例如从 int 类型转换到 long 类型就是一种隐式转换。在隐式转换过程中,转换一般不会失败,转换过程中也不会导致信息丢失。例如:

```
int i=10;
long x=i;
```

表 2-3 列出了可以进行隐式转换的各种类型的情况。

表 2-3 合法的隐式转换

类 型	可以安全隐式转换的类型
bool	无
char	ushort、int、uint、long、ulong、float、double、decimal
sbyte	short、int、long、float、double、decimal
byte	short、ushort、int、uint、long、ulong、float、double、decimal
short	int、long、float、double、decimal
ushort	int、uint、long、ulong、float、double、decimal
int	long、float、double、decimal
uint	long、ulong、float、double、decimal
long	float、double、decimal
ulong	float、double、decimal
float	double

其中,从 int、uint 或 long 到 float 以及从 long 到 double 的转换可能导致精度下降,但不会引起数据错误。从表 2-3 中可以看出,只要一个类型的取值范围完全包含在另一个类型的取值范围内就可以执行隐式转换。比如 int 可以转换为 long、double 等,也就是 32 位向着 32 位、64 位类型转换。

2. 显式转换

在程序设计中有时需要将表达式的值转换为某一特定的数据类型,如果进行自动转换可能就会出错。例如将 long 型自动转换为 int 型时就会出现编译错误。在 C# 语言中,可以明确指示将某一种类型的数据转换为另一种类型,即进行强制类型转换。显式转换的一般格式如下:

```
(类型名)操作数
```

显式类型转换又叫强制类型转换。与隐式转换正好相反,显式转换需要明确地指定转换类型,显式转换可能导致信息丢失。例如,下面的例子把长整型变量显式转换为整型。

```
long s=5000;
int i=(int)s;                                  //如果超过 int 的取值范围,将产生异常
```

表 2-4 列出了几种常用的显式转换。

表 2-4　显式转换

类　型	可以安全显式转换的类型
char	sbyte、byte、short
sbyte	byte、ushort、uint、ulong、char
byte	sbyte、char
short	sbyte、byte、ushort、uint、ulong、char
ushort	sbyte、byte、short、char
int	sbyte、byte、short、ushort、uint、ulong、char
uint	sbyte、byte、short、ushort、uint、char
long	sbyte、byte、short、ushort、int、uint、ulong、char
ulong	sbyte、byte、short、ushort、int、uint、long、char
float	sbyte、byte、short、ushort、int、uint、long、ulong、char、decimal
double	sbyte、byte、short、ushort、int、uint、long、ulong、char、float、decimal
decimal	sbyte、byte、short、ushort、int、uint、long、ulong、char、float、double

3. Convert 类的使用

Convert 类位于命名空间 System 中,它提供了一整套方法用于将一个基本数据类型转换为另一个基本数据类型,返回与指定类型的值等效的类型。在程序设计时,可根据不同的需要使用 Convert 类的方法实现不同数据类型的转换。Convert 类常用方法及说明如表 2-5 所示。

表 2-5　Convert 类常用方法及说明

方 法 名 称	说　明
ToBase64CharArray	将 8 位无符号整数数组的子集转换为用 Base64 数字编码的 Unicode 字符数组的等价子集
ToBase64String	将 8 位无符号整数数组的子集转换为用 Base64 数字编码的等效字符串表示形式
ToBoolean	将指定的值转换为等效的布尔值(bool)
ToByte	将指定的值转换为 8 位无符号整数(byte)
ToChar	将指定的值转换为 Unicode 字符(char)

续表

方法名称	说明
ToDateTime	将指定的值转换为 DateTime
ToDecimal	将指定的值转换为 Decimal 数字(decimal)
ToDouble	将指定的值转换为双精度浮点数字(double)
ToInt16	将指定的值转换为 16 位有符号整数(short)
ToInt32	将指定的值转换为 32 位有符号整数(int)
ToInt64	将指定的值转换为 64 位有符号整数(long)
ToSByte	将指定的值转换为 8 位有符号整数(sbyte)
ToSingle	将指定的值转换为单精度浮点数字(float)
ToString	将指定的值转换为其等效的 String 表示形式
ToUInt16	将指定的值转换为 16 位无符号整数(ushort)
ToUInt32	将指定的值转换为 32 位无符号整数(uint)
ToUInt64	将指定的值转换为 64 位无符号整数(ulong)

在数据类型转换时,可以将要转换的值传递给 Convert 类中的相应方法,并将返回的值赋给目标变量。

4. Parse()方法的使用

Parse()方法可以将特定格式的 String 类型转换成 int、char、double 等类型,也就是 *.Parse(String),括号中的一定要是 String 类型。Parse()方法的使用格式如下:

```
数值类型名称.Parse(字符串型表达式)
```

例如:

```
int x=int.Parse("123");
```

5. ToString()方法的使用

ToString()方法可将其他数据类型的变量值转换为字符串类型。ToString()方法的使用格式如下:

```
变量名称.ToString()
```

例如:

```
int x=123; string s=x.ToString();
```

下面通过两个小例子总结一下数据类型的转换。

(1) 整型和字符串相互转换

```
int x;
string s="123";
x=int.Parse(s);                               //通过 Parse()方法进行转换
x=Convert.ToInt32(s);                         //通过 Convert 类进行转换
```

```
s=x.ToString();                    //通过 ToString 类进行转换
s=Convert.ToString(x);             //通过 Convert 类进行转换
```

(2) 字符、字符串和整型相互转换

```
int x;
string s="A";
char ch1;
ch1=Convert.ToChar(s);             //通过 Convert 类进行转换
x=(int)ch1;                        //转换为 ASCII 码
```

2.3　学习任务 1　路程计算程序设计

1. 任务分析

本学习任务将要建立一个路程计算程序，运行效果如图 2-1 所示。

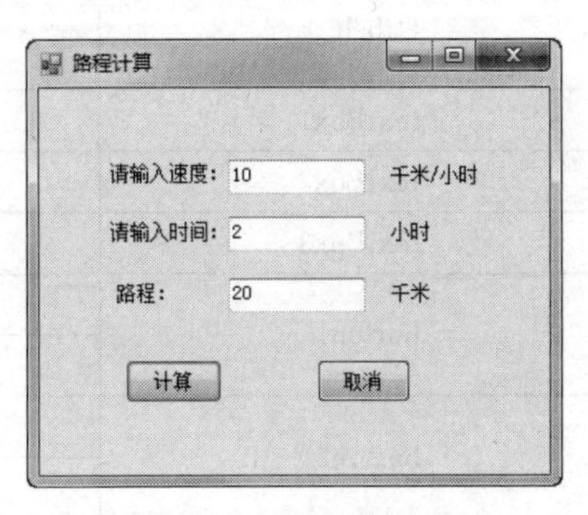

图 2-1　路程计算程序

2. 任务实施

(1) 启动 Visual Studio 2015，在【文件】菜单下选择【新建】→【项目】命令，在弹出的【新建项目】对话框中选择【Windows 窗体应用程序】，设置好项目的名称和保存路径，如图 2-2 所示。

(2) 进入工具箱，将相应的控件拖曳到 Form1 窗体上面，参考图 2-1 来调整各个控件的位置，具体的属性设置参考表 2-6。

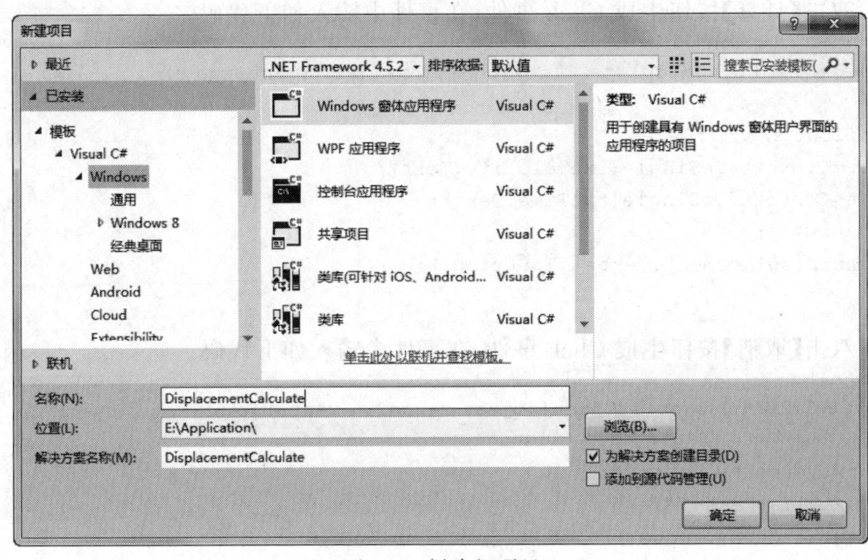

图 2-2　创建新项目

表 2-6　路程计算程序窗体控件属性的设置

控件名称	属　性	属 性 值
Label1	Name	lblVelocity
	Text	请输入速度：
Label2	Name	lblTime
	Text	请输入时间：
Label3	Name	lblKPH
	Text	千米/小时：
Label4	Name	lblHours
	Text	小时
Label5	Name	lblDisplacement
	Text	路程
Label6	Name	lblKM
	Text	千米
textBox1	Name	txtVelocity
textBox2	Name	txtTime
textBox3	Name	txtDisplacement
button1	Name	btnCalculate
	Text	计算
button2	Name	btnCancel
	Text	取消
Form1	Text	路程计算
	Size	325,266

(3) 双击【计算】按钮生成 Click 事件，在事件中输入如下代码。

```
private void btnCalculate_Click(object sender, EventArgs e)
{
    float s, v, t;
    v=Convert.ToSingle(txtVelocity.Text);
    t=Convert.ToSingle(txtTime.Text);
    s=v * t;
    txtDisplacement.Text=s.ToString();
}
```

(4) 双击【取消】按钮生成 Click 事件，在事件中输入如下代码。

```
private void btnCancel_Click(object sender, EventArgs e)
{
    txtVelocity.Text="";
    txtTime.Text="";
    txtVelocity.Focus();
}
```

3. 代码关键点分析与拓展

语句 1：

```
float s, v, t;
v=Convert.ToSingle(txtVelocity.Text);
t=Convert.ToSingle(txtTime.Text);
```

定义三个变量，并将文本框 txtVelocity 和 txtTime 中的内容使用 Convert 类的 ToSingle()方法将其强制转换为 float 型值，并分别赋给变量 v 和 t。

语句 2：

```
s=v*t;
txtDisplacement.Text=s.ToString();
```

计算 v * t，将结果赋值给变量 s，最后将 s 转换为字符串赋值给路程文本框。

语句 3：

```
txtVelocity.Text="";
txtTime.Text="";
```

用于将两个文本框内容设置为空，清除用户输入的速度和时间。

语句 4：

```
txtVelocity.Focus();
```

用于将焦点设置在第一个文本框中。

拓展：如何将速度文本框和时间文本框中的值转换为 double 型。

2.4　运算符与表达式

程序设计语言中的运算符是指数据间进行运算的符号。参与运算的数据称为操作数。把运算符和操作数按照一定规则连接起来就构成了表达式。操作符指明作用于操作数的操作方式，操作数可以是一个常量、变量或者是另一个表达式。

2.4.1　运算符

C# 中的运算符非常丰富，可以对操作数进行各种不同的运算。根据所作用的操作数个数，运算符可以分为 3 类。

一元运算符：仅作用于一个操作数的运算符，如++运算符。一元运算符又可分为前缀运算符和后缀运算符，例如，++i、i++。

二元运算符：作用于两个操作数之间的运算符，例如，“a+b”。

三元运算符：作用于三个操作数的运算符。C# 中仅有一个三元运算符，即“? :”。

根据运算类型,常用的运算符可以分为算术运算符、赋值运算符、关系运算符、逻辑运算符、条件运算符。

1. 算术运算符

算术运算符用于对操作数进行算术运算,C#中的算术运算符如表2-7所示。

表2-7 算术运算符

名　称	运算符	描述与实例
加法运算符	+	运算对象为整型或实型,如3+2、6.5+6、+5
减法运算符	-	运算对象为整型或实型,如10-5、9.0-5、-8
乘法运算符	*	运算对象为整型或实型,如a*b、6*5.0
除法运算符	/	运算对象为整型或实型,如5.0/10,结果为0.5。如果整数相除,则结果应是整数,如7/5和6/4,结果都为1
模运算符	%	也称求余运算符,运算对象为整型,即"%"运算符两边的操作数必须是整型,如"8%3"的结果为2
自增运算符	++	后缀格式:i++相当于i=i+1,运算规则:先使用i后加1; 前缀格式:++i相当于i=i+1,运算规则:先加1后使用
自减运算符	--	后缀格式:i--相当于i=i-1,运算规则:先使用i后减1; 前缀格式:--i相当于i=i-1,运算规则:先减1后使用

表2-7中的运算符+、-、*、/、%称为基本算术运算符,它们是二元运算符;++、--则是一元运算符。

2. 赋值运算符

赋值运算符用于将一个数据赋给一个变量。C#中提供了一个简单赋值运算符"="和多个复合赋值运算符"+=、-=、*=、/=、%="等,赋值运算符是左结合,即将右边的操作数的值赋给左边的变量。常用的赋值运算符如表2-8所示。

表2-8 赋值运算符

名　称	运算符	描述与实例
赋值	=	作用是将一个数据赋给一个变量,运算对象为任意类型,如a=1
加赋值	+=	运算对象为整型或实型,如a+=5等价于a=a+5
减赋值	-=	运算对象为整型或实型,如a-=5等价于a=a-5
乘赋值	*=	运算对象为整型或实型,如a*=5等价于a=a*5
除赋值	/=	运算对象为整型或实型,如a/=5等价于a=a/5
取余赋值	%=	运算对象为整型,如a%=5等价于a=a%5

3. 关系运算符

关系运算符用来比较两个表达式的值,比较结果只有两个逻辑值true或false。C#提供了6种关系运算符,如表2-9所示。

表 2-9 关系运算符

名 称	运算符	实 例	名 称	运算符	实 例
大于	>	6>5 的结果为 true	小于或等于	<=	6<=5 的结果为 false
大于或等于	>=	4>=5 的结果为 false	等于	==	2+4==6 的结果为 true
小于	<	4<5 的结果为 true	不等于	!=	4!=5 的结果为 true

4. 逻辑运算符

逻辑运算符用来组合两个或多个表达式,其运算结果也是一个逻辑值 true 或 false。逻辑运算符只有 3 个,即逻辑与“&&”、逻辑或“||”、逻辑非“!”。“&&”和“||”运算符属于“二元运算符”,它要求运算符两边有两个操作数,而且这两个操作数的值必须为逻辑值(即 true 或 false);“!”运算符属于“一元运算符”,它只要求一个操作数,操作数的值也必须为逻辑值,如表 2-10 所示。

表 2-10 逻辑运算符

名 称	运算符	描 述
逻辑与	&&	运算符两边的表达式的值均为 true 时,结果为 true;否则结果为 false
逻辑或	||	运算符两边的表达式的值均为 false 时,结果为 false;否则结果为 true
逻辑非	!	将运算对象的逻辑值取反。若表达式的值为 true,则“!表达式”的值为 false;否则结果为 true

例如:

```
int a=20;
bool b=a>8&&a<21;
bool c=a>8||a<12;
```

5. 条件运算符

条件运算符“?:”是一个“三元运算符”,即有三个运算对象。条件运算符的一般格式如下:

```
表达式 1? 表达式 2: 表达式 3
```

功能:首先对“表达式 1”的值进行检验,如果表达式 1 的值为真,返回表达式 2 的值;如果表达式 1 的值为假,返回表达式 3 的值。其中“表达式 1”的值必须为逻辑值,例如:

```
int a=20,b=30,max;
max=a>b? a:b;                              //使用条件运算符求最大值
```

上述程序“max=a>b?a:b”中首先判断 a>b 是否为真,如果为真,则将 a 的值赋给 max;否则将 b 的值赋给 max,这样 max 得到的是 a 和 b 中较大的值。在此,a>b 显然为假(false),所以将 b 的值赋给了 max,即 max=30。

6. 运算符优先级

在编程时通常会把两个或者两个以上的运算符组合在一起使用，这样运算符就有一个优先次序，即先执行优先级高的运算符，将运算结果再作为低优先级的运算符的操作数。优先级的顺序可通过小括号改变。

表2-11列出了操作符的优先级顺序与结合性。

表2-11 操作符的优先级顺序与结合性

优先级	运算符类型	运算符	结合性
高	括号	()	从左到右
↑	一元运算符	++、--、!、+(正号)、-(负号)	从右到左
	算术运算符	*、/、%	从左到右
		+、-	从左到右
	关系运算符	<、<=、>、>=	从左到右
		==、!=	从左到右
	逻辑运算符	&&	从左到右
		||	从左到右
	条件运算符	?:	从右到左
低	赋值运算符	=、+=、-=、*=、/=、%=	从右到左

2.4.2 表达式

表达式是由运算符和运算对象(操作数)组成的有意义的运算式子，其中的运算符就是具有运算功能的符号，运算对象是指常量、变量和函数等操作数。C#语言中有多种表达式和前述的运算符相对应，包括赋值表达式、算术表达式、关系表达式、逻辑表达式和条件表达式等；也可以通过使用多个运算符、方法调用以及类型转换等建立复杂的表达式。

建立表达式没有通用的方法，因为这与所用的运算符有关。表达式的类型由运算符以及参与运算的操作数的类型决定，可以是简单类型，也可以是复合类型。例如，下面的赋值语句就是表达式。

```
int a=20;
```

表达式可以更复杂，但并不推荐程序中出现复杂的表达式。要理解表达式，重点在于理解前面讲述的不同的运算符。

2.5 学习任务2 时间转换程序设计

1. 任务分析

本学习任务需要建立一个时间转换程序，时间转换程序的设计思想是输入以秒为单位的整数时间后将其转换为小时、分钟和秒的形式。转换过程如下：秒数除以 3600 后的整数商为小时数，其余数除以 60 后的整数商为分钟数，最后的余数则为秒数。具体效果如图 2-3 所示。

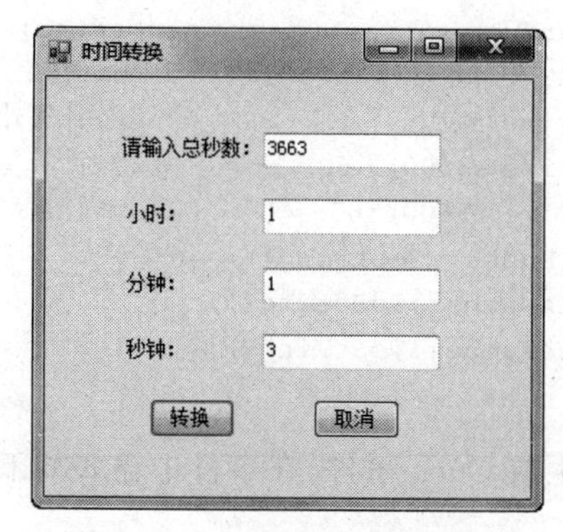

图 2-3　时间转换程序效果图

2. 任务实施

（1）创建一个项目名称为 TimeConverter 的 Windows 窗体应用程序。

（2）设计如图 2-3 所示界面，具体属性设置参照表 2-12。

表 2-12　时间转换程序窗体控件属性的设置

控件名称	属　性	属 性 值
Label1	Name	lblTotalTime
	Text	请输入总秒数：
Label2	Name	lblHour
	Text	小时：
Label3	Name	lblMinute
	Text	分钟：
Label4	Name	lblSecond
	Text	秒钟：
textBox1	Name	txtTotalTime
textBox2	Name	txtHour
textBox3	Name	txtMinute
textBox4	Name	txtSecond
button1	Name	btnConverter
	Text	转换
button2	Name	btnCancel
	Text	取消
Form1	Text	时间转换
	Size	301,281

(3) 双击【转换】按钮,生成 Click 事件,在事件中输入如下代码。

```
private void btnConverter_Click(object sender, EventArgs e)
{
    int totalTime, hourNumber, minNumber, secNumber;
    totalTime=Convert.ToInt32(txtTotalTime.Text);
    hourNumber=totalTime/3600;                         //计算小时数
    minNumber=(totalTime %3600) / 60;                  //计算分钟数
    secNumber=(totalTime %3600) %60;                   //计算秒数
    txtHour.Text=hourNumber.ToString();
    txtMinute.Text=minNumber.ToString();
    txtSecond.Text=secNumber.ToString();
}
```

(4) 双击【取消】按钮,生成 Click 事件,在事件中输入如下代码。

```
private void btnCancel_Click(object sender, EventArgs e)
{
    txtTotalTime.Text="";
    txtTotalTime.Focus();
}
```

3. 代码关键点分析与拓展

语句1:

```
totalTime=Convert.ToInt32(txtTotalTime.Text);
```

将文本框 txtTotalTime 中的内容使用 Convert 类的 ToInt32()方法将其强制转换为整型值,并赋给变量 totalTime。

语句2:

```
hourNumber=totalTime/3600;
```

整数 totalTime 除以整数 3600 的结果是整数,其小数部分将被忽略。

```
minNumber=(totalTime %3600)/60;                   //计算分钟数
secNumber=(totalTime %3600)%60;                   //计算秒数
```

totalTime % 3600 是获取 totalTime 除以 3600 的余数,此余数是去除了整数倍小时数后以秒为单位的整数,此余数再除以 60 的整数商就是分钟数,而其余数(totalTime % 3600)% 60 就是秒数。

语句3:

```
txtHour.Text=hourNumber.ToString();
txtMinute.Text=minNumber.ToString();
txtSecond.Text=secNumber.ToString();
```

将得到的值分别赋值给相应的文本框。

语句4:

```
txtTotalTime.Text="";
txtTotalTime.Focus();
```

将文本框 txtTotalTime 内容设置为空，将焦点设置在 txtTotalTime 文本框中。

拓展：建立一个时间转换程序，以小时、分钟和秒的方式输入，然后将其转换为以秒为单位的时间。

2.6　条件判断语句

很少有程序是从头到尾逐行连续执行的，当程序中需要两个或两个以上的选择时，可以使用条件语句判断要执行的语句段。C#提供两种选择语句：一种是条件语句，即 if 语句；另一种是开关语句，即 switch 语句。它们都可以用来实现多路分支，从一系列可能的程序分支中选择要执行的语句。

2.6.1　if 语句

if 语句也称为选择语句或条件语句，它根据布尔类型的表达式的值选择要执行的语句，最简单的 if 语句只设置一条选择路径，语法格式如下：

```
if(布尔表达式)
{
    条件为真时执行的语句
}
```

该结构中当表达式的值为 true 时，执行大括号里的语句；否则执行大括号后面的语句。如果大括号里的语句只有一条，大括号可以省略。

这种 if 语句执行过程如图 2-4 所示。

例如：

```
...
if(a==b)
{
    b=a++;
}
a=b--;
...
```

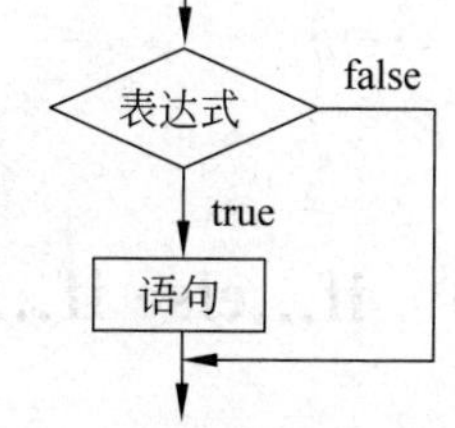

图 2-4　if 语句执行流程图

上面语句在执行 if(a==b)时会对条件 a==b 进行判断，如果条件成立，则执行 b=a++，完成后退出 if 语句，再执行 a=b--；如果条件不成立，则 b=a++语句被跳过，直接退出 if 语句，执行 a=b--语句。

此处易犯的一个错误是 if 后的括弧中使用的测试运算符是“==”，容易写成赋值运算符“=”。另外，当 if 语句的表达式为 true 时，将执行大括号中的语句；当大括号中的语句只有一条时，可以省略大括号。但为了便于阅读，避免与其他代码混淆，建议仍然使用{}。

2.6.2　if...else 语句

if...else 语句与上面的 if 语句不同，它提供了两种选择，依据条件判断的不同结果，转去执行不同的分支。if...else 语句的语法格式如下：

```
if(布尔表达式)
{
    条件为真时执行的语句
}
else
{
    条件为假时执行的语句
}
```

如果 if 之后的布尔条件是 true，则执行 if 部分的语句；如果布尔条件是 false，那么执行 else 部分的语句。if...else 语句保证不管条件的值是什么，总有一部分语句被执行。if...else 语句执行过程如图 2-5 所示。

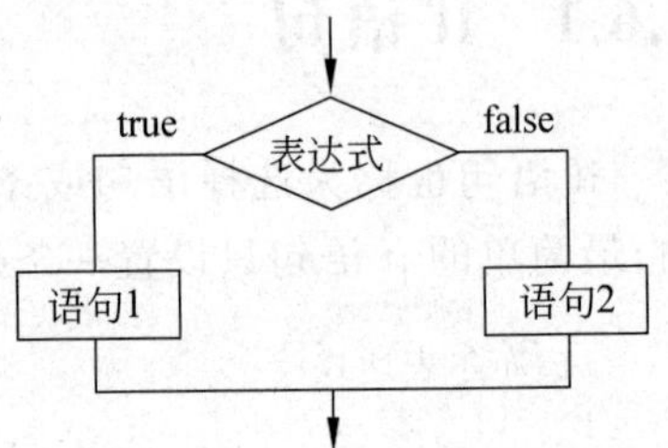

图 2-5　if...else 语句执行流程图

例如，两个整数 a 和 b 比较大小，较大的数放变量 c 里面，代码如下：

```
if(a>b)
{
    c=a;
}
else
{
    c=b;
}
```

2.6.3　if...else if...语句

前面的两种 if 语句都只能对一个条件表达式进行判断，而 if...else if...语句则可以对多个条件表达式进行判断，对不同的条件执行不同的分支。如果条件全部不满足或任一分支执行完成，都将退出 if 语句。if...else if...语句的语法格式如下：

```
if(布尔表达式 1)
    {语句 1;}
else if(布尔表达式 2)
    {语句 2;}
    ⋮
else
    {语句 n;}
```

当布尔表达式 1 的值为 true 时，执行“语句 1”，执行完后 if 语句结束；否则，若布尔表达式 2 的值为 true 时，则执行“语句 2”，执行完后 if 语句结束；以此类推。如果以上条件都不成立，则执行最后一个 else 语句后的“语句 *n*”。if...else if...语句的执行流程图如图 2-6 所示。

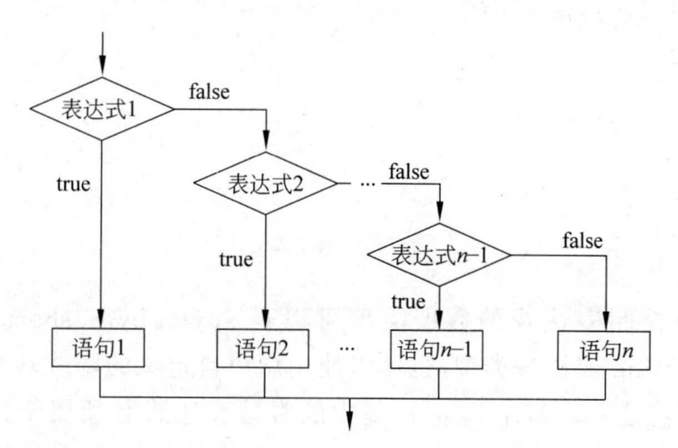

图 2-6　if...else if...语句执行流程图

2.6.4　if 语句的嵌套

在 if 语句中包含一个或多个 if 语句称为 if 语句的嵌套。if 语句嵌套形式可以各种各样，嵌套层数没有具体限制。下面是一种嵌套的 if 语句。

```
if(布尔表达式)
{
    if(布尔表达式)
        {语句 1;}
    else                  内嵌的 if 语句
        {语句 2;}
}
else
{
    if(布尔表达式)
        {语句 1;}
    else                  内嵌的 if 语句
        {语句 2;}
}
```

2.6.5　switch 语句

在程序中，当判断的条件相当多时，可以使用 if 语句实现，但比较复杂，而且程序会变得难以阅读，这时使用 switch 语句进行操作就十分方便，switch 根据控制表达式的多个不同取值来选择执行不同的代码段。代码格式如下：

```
switch(控制表达式)
{
    case 常量表达式-1:
        语句-1;
        break;
    case 常量表达式-2:
        语句-2;
        break;
        ⋮
    default:
        语句-n;
        break;
}
```

switch语句中控制表达式的数据类型可以是sbyte、byte、short、ushort、int、uint、long、ulong、char、string或枚举类型,也可以使用用户自定义的隐式转换语句把表达式的类型转换成上述类型之一。每个case标签中的常量表达式必须属于控制类型或能隐式转换成控制类型。如果有两个或两个以上case标签中的常量表达式值相同,编译时将会报错。每个switch语句可以包含任意数量的case语句,但最多只能有一个default语句,也可以没有default语句。

switch语句执行规则如下。

(1) 计算switch表达式,然后与case后的常量表达式的值进行比较,第一个与之匹配的case分支下的语句首先被执行,最后由语句break跳出整个switch语句。

(2) 如果switch表达式的值无法与switch语句中任何一个case常量表达式相匹配,并且有default分支,则程序会跳转到default标号后的语句列表中。

(3) 如果switch表达式的值无法与switch语句中任何一个case常量表达式相匹配,并且没有default分支,则程序会跳转到switch语句的结尾。

(4) 在C#语言中,每个case后面都要使用"break;"语句,否则编译器会报错。如图2-7所示是switch语句执行流程图。

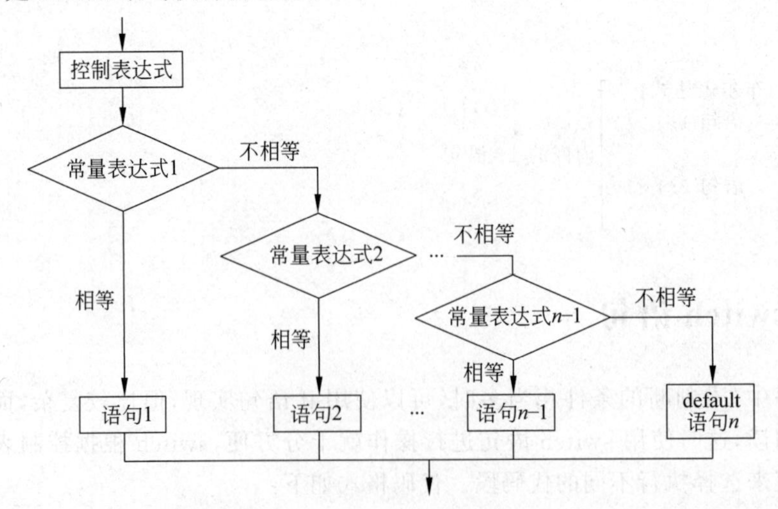

图2-7 switch语句执行流程图

2.7　学习任务3　数字排序程序设计

1. 任务分析

本学习任务需要建立一个数字排序的程序,要求由小到大排序,具体效果如图2-8所示。

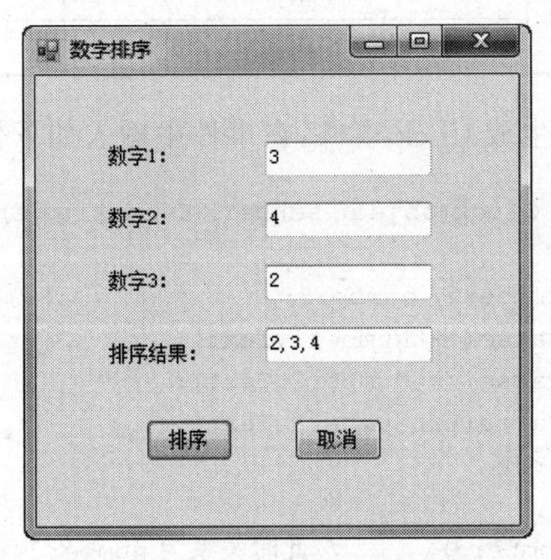

图2-8　数字排序程序效果图

2. 任务实施

(1) 创建一个项目名称为NumberSort的Windows窗体应用程序。

(2) 设计如图2-7所示界面,具体属性设置参照表2-13。

表2-13　数字排序程序窗体控件属性的设置

控件名称	属　性	属 性 值
Label1	Name	lblNumber1
	Text	数字1:
Label2	Name	lblNumber2
	Text	数字2:
Label3	Name	lblNumber3
	Text	数字3:
Label4	Name	lblResult
	Text	排序结果:
textBox1	Name	txtNumber1
textBox2	Name	txtNumber2
textBox3	Name	txtNumber3
textBox4	Name	txtResult

续表

控件名称	属　性	属 性 值
button1	Name	btnSort
	Text	排序
button2	Name	btnCancel
	Text	取消
Form1	Text	数字排序
	Size	300,300

(3) 双击【排序】按钮,生成 Click 事件,在事件中输入如下代码。

```
private void btnSort_Click(object sender, EventArgs e)
{
    double number1, number2, number3;
    number1=double.Parse(txtNumber1.Text);
    number2=double.Parse(txtNumber2.Text);
    number3=double.Parse(txtNumber3.Text);
    if(number1>number2)
    {
        if(number2>number3)         //此时关系为 number3<number2<number1
        {
            txtResult.Text=number3.ToString()+","+number2.ToString()+
            ","+number1.ToString();
        }
        else                        //此时关系为 number2<number1,number2<number1
        {
            if(number1>number3)
            {
                txtResult.Text=number2.ToString()+","+number3.ToString()+","+
                number1.ToString();
            }
            else
            {
              txtResult.Text=number2.ToString()+","+number1.ToString()+
              ","+number3.ToString();
            }
        }
    }
    else                            //此时关系为 number1<number2
    {
        if(number2<number3)
        {
            txtResult.Text=number1.ToString()+","+number2.ToString()+
            ","+number3.ToString();
        }
        else                        //此时关系为 number1<number2,number3<number2
        {
```

```
            if(number1>number3)
            {
                txtResult.Text=number3.ToString()+","+number1.ToString()+","+
                number2.ToString();
            }
            else
            {
                txtResult.Text=number1.ToString()+","+number3.ToString()+","+
                number2.ToString();
            }
        }
    }
}
```

(4) 双击【取消】按钮,生成 Click 事件,在事件中输入如下代码。

```
private void btnCancel_Click(object sender, EventArgs e)
{
    txtNumber1.Text="";
    txtNumber2.Text="";
    txtNumber3.Text="";
    txtResult.Text="";
    txtNumber1.Focus();
}
```

3. 代码关键点分析与拓展

语句 1:

```
number1=double.Parse(txtNumber1.Text);
number2=double.Parse(txtNumber2.Text);
number3=double.Parse(txtNumber3.Text);
```

通过 Parse()方法将文本框中的内容转换为 double 型的值,并赋给变量 number1、number2 和 number3。

语句 2:

```
txtResult.Text=number3.ToString()+","+number2.ToString()+","+number1.
ToString();
```

将排序后的数赋给文本框,其中的"+"起到了连接两个字符串的作用。

拓展: 分别采用 if 语句和 if...else if...语句完成本任务。

2.8 学习任务 4 学生成绩评定程序设计

1. 任务分析

本学习任务需要建立一个学生成绩评定程序,将百分制成绩转换成等级制的成绩输出,具体效果如图2-9所示。

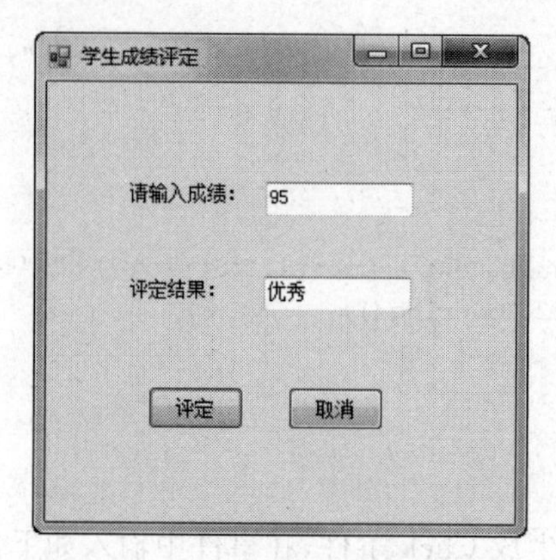

图2-9　学生成绩评定程序效果图

2. 任务实施

(1) 创建一个项目名称为Grade的Windows窗体应用程序。

(2) 设计如图2-9所示界面,具体属性设置参照表2-14。

表2-14　学生成绩评定程序窗体控件属性的设置

控件名称	属　性	属性值
Label1	Name	lblMark
	Text	请输入成绩:
Label2	Name	lblResult
	Text	评定结果:
textBox1	Name	txtMark
textBox2	Name	txtResult
button1	Name	btnGrade
	Text	评定
button2	Name	btnCancel
	Text	取消
Form1	Text	学生成绩评定
	Size	300,300

(3) 双击【评定】按钮,生成Click事件,在事件中输入如下代码。

```
private void btnGrade_Click(object sender, EventArgs e)
{
    string result;                  //用于存放评定结果
    float score=float.Parse(txtMark.Text);
    int iscore=(int)score;
    iscore=iscore/10;
```

```
    switch(iscore)
    {
        case 10:
        case 9:
            result="优秀";
            break;
        case 8:
            result="良好";
            break;
        case 7:
            result="中等";
            break;
        case 6:
            result="及格";
            break;
        default:
            result="不及格";
            break;
    }
    txtResult.Text=result;
}
```

(4) 双击【取消】按钮，生成 Click 事件，在事件中输入如下代码。

```
private void btnCancel_Click(object sender, EventArgs e)
{
    txtMark.Text="";
    txtResult.Text="";
    txtMark.Focus();
}
```

3. 代码关键点分析与拓展

语句 1：

```
float score=float.Parse(txtMark.Text);
```

通过 Parse()方法将文本框 txtMark 中的内容转换为 float 型值，并赋给变量 score。

语句 2：

```
int iscore=(int)score;
```

将 score 值显式转换为整型，并赋给整型变量 iscore。

语句 3：

```
iscore=iscore/10;
```

整数 iscore 除以整数 10 的结果是整数。

语句 4：

```
case 10:case 9:
```

多个 case 可以共用一组执行语句。

语句 5：

```
txtResult.Text=result;
```

将字符串 result 的值赋给文本框 txtResult 的 Text 属性。

拓展：对于输入的成绩大于 100 分或小于 0 分的情况进行判断并给出提示信息"输入错误"，运行的效果如图 2-10 所示。

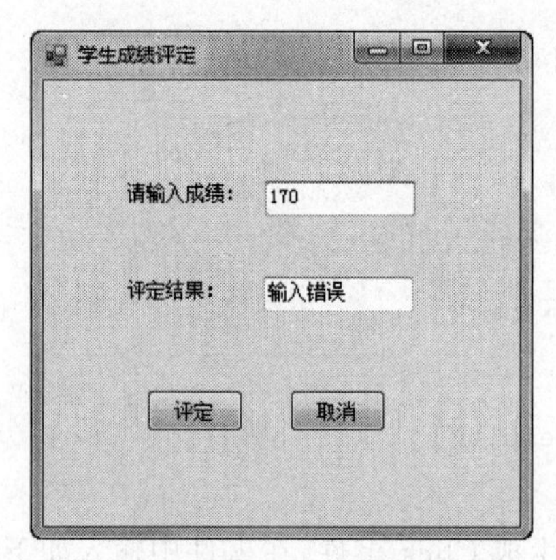

图 2-10 学生成绩评定程序拓展界面设计

2.9 循环语句

循环是指在程序设计中有规律地反复执行某一程序块的现象，被重复执行的程序块称为"循环体"，循环语句可以实现程序的重复执行。C#语言提供 4 种循环语句：while 循环语句、do...while 循环语句、for 循环语句和 foreach 循环语句，读者可根据实际需要进行选择。

2.9.1 while 循环语句

while 循环语句由循环头和循环体组成，循环头由关键字 while 和循环条件(布尔表达式)构成，循环体则是在循环头后的{}之间的可执行语句块。while 循环语句的语法格式如下：

```
while(布尔表达式)
{
    循环体;
}
```

其执行顺序为：①先计算布尔表达式的值；②若值为 true，则执行{}中的语句，然后重新执行步骤①；③若布尔表达式的值为 false，则结束循环。while 循环语句执行流程图如图 2-11 所示。

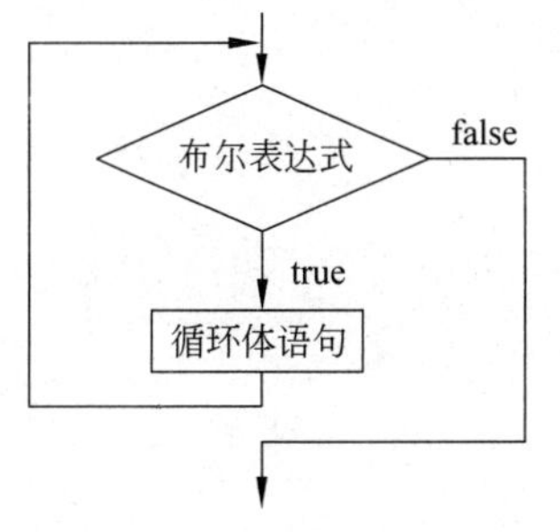

图 2-11　while 循环语句执行流程图

while 循环语句的特点是：先判断表达式，后执行循环体语句，因此循环体中的代码可能执行 0 次，也可能执行多次。布尔表达式一定是一个布尔运算式，不能是一个整数值。下面是一个计算阶乘的例子，要求从屏幕上输入一个正整数，按 Enter 键后，即可算得该正整数的阶乘值。

例如，使用 while 循环语句，求 10 以内的整数的和，将结果放在变量 sum 中，代码如下：

```
int sum=0;
int i=1;
while(i<10)
{
    sum=sum+i;
    i=i+1;
}
```

2.9.2 do...while 循环语句

do...while 循环语句与 while 循环语句功能相近，但与 while 循环语句不同的是，do...while 循环语句的条件检查位于循环体的尾部，因此循环体语句至少执行一次，do...while 循环语句的语法格式如下：

```
do{
    循环体;
}while(布尔表达式);
```

do...while 循环语句是以关键字 do 开始。在 do 的后面是循环体语句，最后是关键字 while 加上循环条件，循环条件可以是任意布尔表达式。

在 do...while 循环语句中，先执行一次循环体，然后判断布尔表达式是 true 还是 false，若是 true，则跳到 do 循环体内执行；若是 false，则跳出 do 循环语句，执行 while 循环语句的下一条语句。其语法特点是“先执行，后判断”。另外，还需要注意的是“while(布尔表达式)”后面需要加上“;”。do...while 循环语句执行流程图如图 2-12 所示。

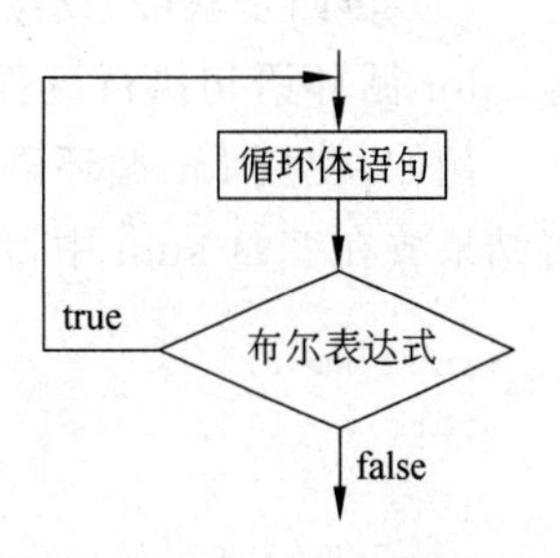

图 2-12　do...while 循环语句执行流程图

例如，使用 do...while 循环语句求 10 以内的整数的和，将结果放在变量 sum 中，代码如下：

```
int sum=0;
int i=1;
do
```

```
{
    sum=sum+i;
    i=i+1;
} while(i<10);
```

2.9.3 for 循环语句

1. for 循环语句的语法格式

for 循环语句和 while、do...while 循环语句一样可以重复执行某一段的程序代码，但 for 循环语句更灵活，因为 for 循环语句将初始值、布尔判断式和更新值都写在同一行代码中。其语法格式如下：

```
for(初始值; 布尔表达式; 更新值)
{
    循环体
}
```

初始值、布尔表达式和更新值之间用分号分隔；表达式一般是关系表达式或逻辑表达式，也可以是算术表达式或字符表达式等。for 循环执行过程如下。

(1) 求解初始值，该值求解只执行一次，一般用于为 for 结构中的有关变量赋初值。

(2) 判断布尔表达式中的条件是否满足。

(3) 若布尔表达式为真，则执行循环体；若布尔表达式为假，则结束循环，程序转向执行循环体下面的语句。

(4) 执行完循环体之后，重新计算更新值。

(5) 转回步骤(2)继续执行。

for 循环语句执行流程图如图 2-13 所示。

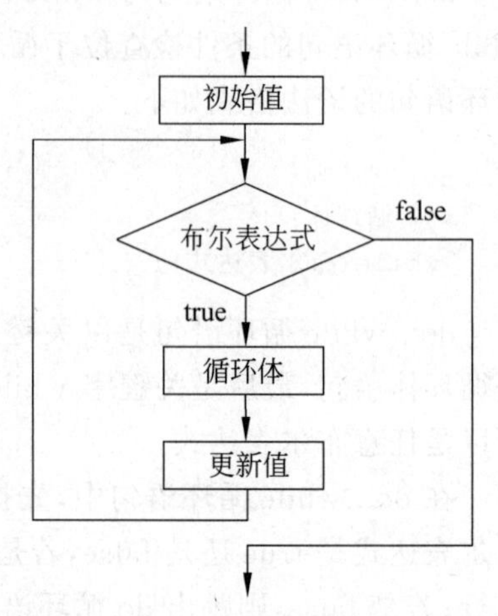

图 2-13　for 循环语句执行流程图

例如，使用 for 循环语句求 10 以内的整数的和，将结果放在变量 sum 中，代码如下：

```
int sum=0;
for(int i=1;i<10;i++)
{
    sum=sum+i;
}
```

2. for 循环的嵌套

在一个循环体内又完整地包含了另一个循环，则称为循环的嵌套。内嵌的循环中还可以嵌套循环就是多层嵌套。一般情况下，嵌套的层数最好不要超过三层，否则程序会变得难以阅读和难以控制。下面是一个使用 for 循环嵌套的例子。

例如，for 循环嵌套的示例代码。

```
int i,j,sum;
sum=0;
for(i=1;i<10;i++)
{
    for(j=1; j<=i; j++)
    {
        sum=sum+1;
    }
}
```

另外，while 循环、do...while 循环和 for 循环可以互相嵌套，这里不再阐述。

2.9.4 foreach 循环语句

foreach 循环语句是 C＃中独有的循环语句，它用于循环访问数组和对象集合中的每个元素以获取所需信息。集合是同一类型数据元素汇合，使之成为一个整体，比如我们把一个班级比喻为一个集合，那么其中的每个学生就是集合中的元素。foreach 循环语句提供了访问集合中的每一个元素方法，并且通过执行循环体对每一个元素进行操作。我们将在 2.12 节中学习数组。foreach 循环语句的语法格式如下：

```
foreach(数据类型 变量 in 集合表达式)
{
    循环体;
}
```

数据类型和变量是用来声明循环变量的，循环变量是一个只读型的局部变量。集合表达式必须是集合类型，集合中的元素类型必须与循环变量类型相一致。

例如，对数组进行遍历，在文本框中输出为 foreach。

```
char[] strArr=new char[] {'f','o','r','e','a','c','h'};
foreach(char val in strArr)
{
    txtOutput.Text=txtOutput.Text+val.ToString();
}
```

2.10 跳转语句

跳转语句有 4 种：break 语句、continue 语句、return 语句和 goto 语句。由于 goto 语句的使用可能会干扰程序的正常执行流程，容易使程序陷入逻辑混乱，所以一般应该限制使用 goto 语句，本节对 goto 语句不详细阐述。

2.10.1 break 语句与 continue 语句

break 语句和 continue 语句用于在循环体内改变程序流程，break 语句和 continue 语句一般与 if 判断语句结合使用。

1. break 语句

在 2.6.5 小节中已经介绍过使用 break 语句可以使流程跳出 switch 结构，继续执行 switch 语句后面的语句。实际上 break 语句还可以用于 while、do…while、for 或 foreach 等循环中，用来中断当前的循环并退出当前的循环体。在循环执行的过程中遇到 break 语句时，循环会立即终止，程序转去执行循环语句后的第一条语句。break 语句对循环执行过程的影响示意图如图 2-14 和图 2-15 所示。

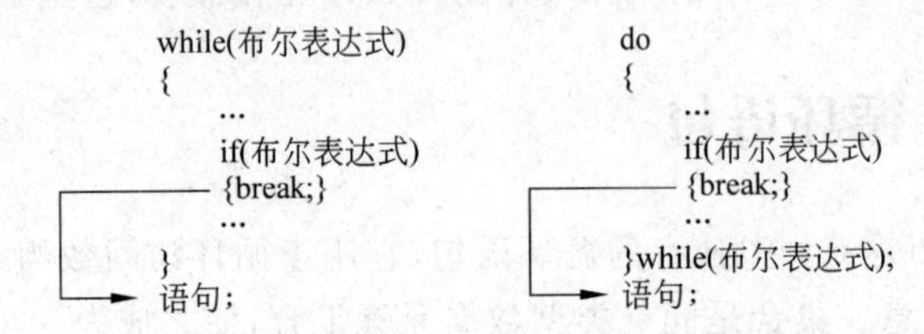

图 2-14 break 语句对 while、do…while 循环执行过程的影响示意图

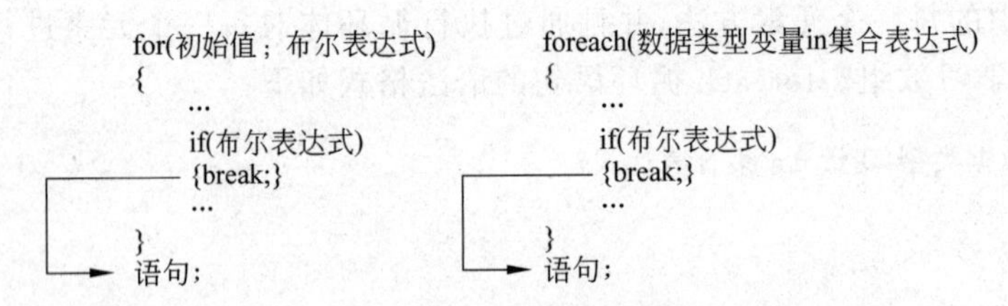

图 2-15 break 语句对 for、foreach 循环执行过程的影响示意图

2. continue 语句

continue 语句主要用于 while、do…while、for 或 foreach 等循环语句中，用于结束本次循环，即跳过 continue 语句后面尚未执行的语句，但并未跳出循环体，接着执行下一个循环。continue 语句对循环执行过程的影响示意图如图 2-16 和图 2-17 所示。

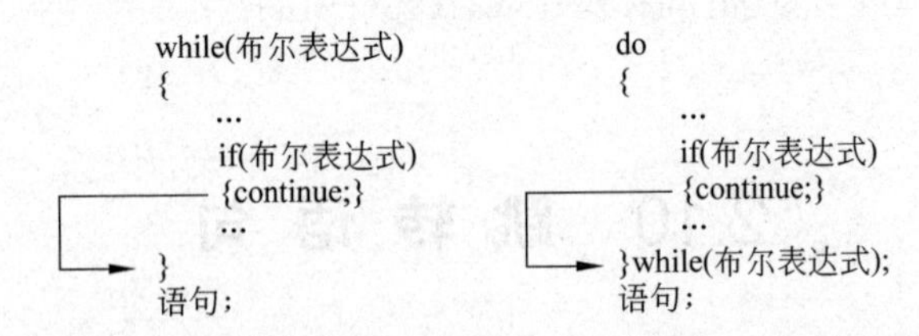

图 2-16 continue 语句对 while、do…while 循环执行过程的影响示意图

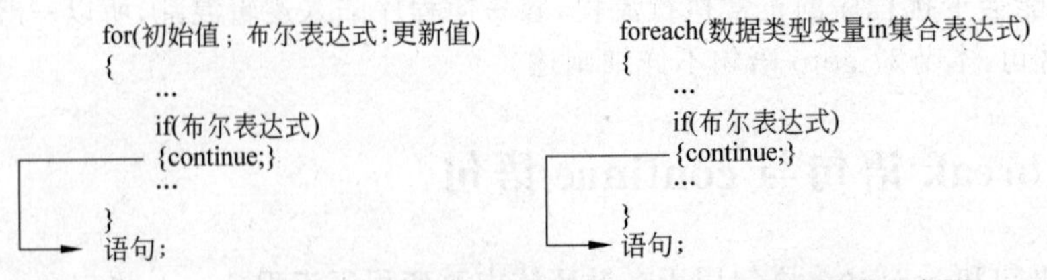

图 2-17 continue 语句对 for、foreach 循环执行过程的影响示意图

break 语句和 continue 语句的区别是：break 语句用于结束整个循环过程，不再判断执行循环的条件是否成立；continue 语句只是结束本次循环，而不是终止整个循环的执行。

3. 嵌套循环中的 break 语句和 continue 语句

在嵌套循环的情况下，break 语句和 continue 语句只对包含它们的内层循环语句起作用，如图 2-18 所示。

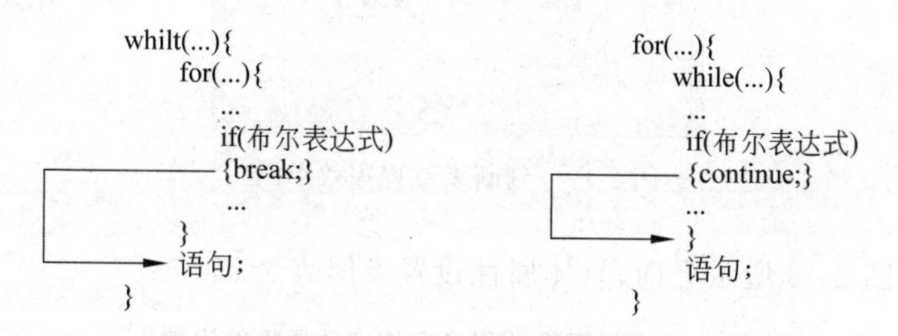

图 2-18　嵌套循环中的 break 语句和 continue 语句

2.10.2　return 语句

return 语句用于将函数的结果返回给函数的调用者，如果函数没有返回值，可以使用空的 return 语句。关于 return 语句的使用在介绍方法时会详细介绍。例如，编写一个返回较大值的方法，主要代码如下：

```
if(a>b)
{
    return a;
}
else
{
    return b;
}
```

2.11　学习任务 5　素数判断程序设计

1. 任务分析

本学习任务需要建立一个素数判断的程序，具体效果如图 2-19 所示。素数是指在一个大于 1 的自然数中，除了 1 和此整数自身外，不能被其他自然数整除的数。

2. 任务实施

(1) 创建一个项目名称为 Prime 的 Windows 窗体应用程序。

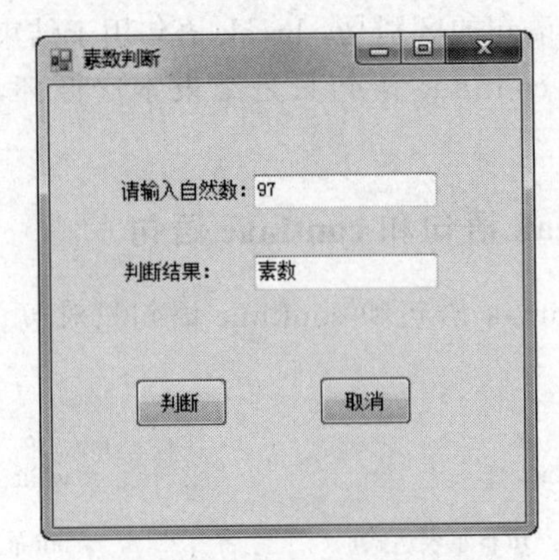

图 2-19 判断素数程序效果图

(2) 设计如图 2-19 所示界面,具体属性设置参照表 2-15。

表 2-15 判断素数程序窗体控件属性的设置

控件名称	属 性	属 性 值
Label1	Name	lblNumber
	Text	请输入自然数：
Label2	Name	lblResult
	Text	判断结果：
textBox1	Name	txtNumber
textBox2	Name	txtResult
button1	Name	btnDecide
	Text	判断
button2	Name	btnCancel
	Text	取消
Form1	Text	素数判断
	Size	300,300

(3) 双击【判断】按钮,生成 Click 事件,在事件中输入如下代码。

```
private void btnDecide_Click(object sender, EventArgs e)
{
    bool flag;
    int number;
    flag=true;
    number=int.Parse(txtNumber.Text);
    if(number==0 || number==1)
    {
        flag=false;
    }
    for(int i=2; i<number;i++)
    {
```

```
            if(number%i==0)
            {
                flag=false;
                break;
            }
        }
        if(flag==true)
        {
            txtResult.Text="素数";
        }
        else
        {
            txtResult.Text="不是素数";
        }
    }
```

（4）双击【取消】按钮，生成 Click 事件，在事件中输入如下代码。

```
private void btnCancel_Click(object sender, EventArgs e)
{
    txtNumber.Text="";
    txtResult.Text="";
    txtNumber.Focus();
}
```

3. 代码关键点分析与拓展

语句 1：

```
bool flag;
int number;
flag=true;
```

第一句定义一个布尔变量，当为 true 时，表示输入的数是素数；否则就不是素数。第二句定义一个变量用于接收输入的自然数的值。第三句初始化布尔变量 flag，初始值为 true，这样后面程序中如果一个自然数不满足素数条件，则只需要将其值变为 false 即可。

语句 2：

```
if(number==0 || number==1)
{
    flag=false;
}
```

将自然数 0 和 1 排除。

语句 3：

```
for(int i=2; i<number;i++)
{
    if(number%i==0)
    {
```

```
            flag=false;
            break;
        }
    }
```

for 语句从自然数 2 开始检测,如果发现能被其他的自然数整除,说明不是素数,最后通过 break 语句直接退出循环。

拓展:

(1) 使用 while 和 do...while 语句实现素数的判断。

(2) 对程序进行优化,提高运算效率。

(3) 应用其他循环语句完成本任务。

2.12 数 组

数组是一组具有相同数据结构的元素组成的有序的数据集合。数组中包含多个数据对象,这些数据对象具有相同的数据类型,每个数据对象叫作数据元素,它占据一块连续的内存空间。数据元素的类型可以是任何一种值类型,可以是类,也可以是数组。

数组中,对数组元素的区分用数组的下标来实现,下标的个数称为数组的维数。数组使用同一个变量名来表示一系列的数据,并用序号来表示同一数组中的不同数组元素。

在 C# 中所有的数组都是从.NET 类库中的 System.Array 类库中派生的。在 C# 中规定下标从 0 开始,即第一个元素的索引为 0,第二个元素的索引为 1,以此类推。

数组可以分为一维数组、多维数组和交错数组,3 种类型的数组分别有各自的应用。本节主要讲解一维数组和二维数组的使用方法。

2.12.1 数组的声明

1. 一维数组的声明

一维数组是最基本的数组类型,其声明语法格式如下:

```
数据类型 [] 数组名;
```

例如:

```
int [] score;                          //声明一个整型的一维数组
```

2. 二维数组的声明

二维数组声明语法格式如下:

```
数据类型 [,] 数组名;
```

例如:

```
string[,] names;                        //声明一个二维数组
```

2.12.2　数组的初始化

声明数组变量时，还没有创建数组，还没有为数组中元素分配任何内存空间。因此，声明数组后，需要对数组初始化。数组的初始化有很多形式，可以通过 new 运算符创建数组并将数组元素初始化为它们的默认值。

下面采用两种方式对一维数组进行初始化。

```
int[] arr1=new int[4];                  //arr1 数组中的每个元素都初始化为 0
int[] arr2=new int[4] {1, 2, 3, 4};     //分别将大括号后面的值初始化给相应数组
```

2.12.3　数组的应用

对数组进行访问时，只能对数组的单个元素进行访问，不能对整个数组的全部元素进行访问。数组元素的访问形式如下：

数组名[下标]

例如：

```
int[] arr=new int[4] {1, 2, 3, 4};
int s;
s=arr[1]+arr[2];
```

执行代码后，s 的值为 5。

在 C# 中为数组提供了许多方法和属性，使用它们可以方便地操作数组，其中的 length 属性用得较多，对于一维数组来说，要循环遍历数组元素时，可以用该属性代表数组的上限。

例如：

```
int[] arr=new int[4] {1, 2, 3, 4};
for(int i; i<arr.length; i++)
{
    ...
}
```

2.13　异 常 处 理

在编写程序时，不仅要关心程序的正常操作，还应该检查代码错误及可能发生的不可预期的异常情况。C# 为处理在程序执行期间可能出现的异常情况提供内置支持，这些异常由正常控制流之外的代码来处理。一旦出现异常情况，程序执行流程就转向异常处

理代码,并把控制权交付给这些代码。

在.NET Framework 中,用 Exception 类表示基类异常,大多数异常对象都是Exception 或者某个派生类的实例,可以用以下代码定义一个异常。

```
Exception e;
```

系统提供了常见的异常信息,这些异常可以当成对象来处理,也可以当成一种类型来使用,这些异常都派生自 Exception 类。表 2-16 列出了常见的异常类。

表 2-16 常见的异常类

异 常 类	说 明
ArithmeticException	因算术运算、类型转换或转换操作中的错误而引发的异常
ArrayTypeMismatchException	当尝试在数组中存储类型不正确的元素时引发的异常
DivideByZeroException	试图用零除整数值或十进制数值时引发的异常
IndexOutOfRangeException	尝试访问索引超出数组界限的数组元素时引发的异常
InvalidCastException	因无效类型转换或显式转换引发的异常
NullReferenceException	尝试取消引用空对象引用时引发的异常
OutOfMemoryException	没有足够的内存继续执行程序时引发的异常
OverflowException	在选中的上下文中所进行的算术运算、类型转换或转换操作导致溢出时引发的异常
StackOverflowException	因包含的嵌套方法调用过多而导致执行堆栈溢出时引发的异常
TypeInitializationException	类型初始值设定项引发的异常

异常处理语句包括以下几条。

(1) throw:人为发出异常信息。在自定义对象中往往使用它来自定义异常。

(2) try...catch:尝试捕获异常并处理异常。

(3) try...finally:尝试捕获异常并执行一些代码,finally 中的语句将被执行。

(4) try...catch...finally:尝试捕获异常并处理异常,同时也执行一些代码。

2.13.1 throw 语句

throw 语句用于发出在程序执行期间出现反常情况(异常)的信号。

throw 语句的语法格式如下:

```
throw 异常对象
```

可以抛出系统预定义异常,也可以抛出用户自定义异常,例如:

```
throw new DivideByZeroException();   //抛出系统预定义异常
throw new MyException();             //抛出用户自定义异常
```

通常,throw 语句与 try...catch 或 try...finally 语句一起使用。

2.13.2　try...catch 语句

try...catch 语句由一个 try 块后跟一个或多个 catch 子句构成，这些子句指定不同的异常处理程序。引发异常时，公共语言运行时(CLR)会查找处理此异常的 catch 语句。如果当前执行的方法不包含这样的 catch 块，则 CLR 会查看调用当前方法的方法，然后会遍历调用堆栈。如果找不到 catch 块，则 CLR 会向用户显示一条有关未经处理的异常的消息并停止执行程序。

try...catch 语句的基本格式如下：

```
try
{
    被监控的代码
}
catch(异常类名 异常变量名)
{
    异常处理
}
```

2.13.3　try...finally 语句

try...finally 语句尝试捕获异常并执行一些代码，finally 中的语句将被执行。

try...finally 语句的基本格式如下：

```
try
{
    被监控的代码
}
finally
{
    程序代码
}
```

2.13.4　try...catch...finally 语句

catch 和 finally 一起使用的常见方式是：在 try 块中获取并使用资源，在 catch 块中处理异常情况，并在 finally 块中释放资源。其基本语法格式如下：

```
try
{
    被监控的代码
}
catch(异常类名 异常变量名)
```

```
{
    异常处理
}
...
finally
{
    程序代码
}
```

例如,将两个数相除,如果除数为0,则给出异常信息。

```
int i, j;
float result=0;
i=int.Parse(txtNum1.Text);
j=int.Parse(txtNum2.Text);
try
{
    result=i/j;
}
catch(Exception ex)
{
    txtMessage.Text=ex.Message;
}
finally
{
    txtResult.Text=result.ToString();
}
```

2.14 学习任务6 学生成绩统计程序设计

1. 任务分析

本学习任务需要建立一个学生成绩统计程序,具体是将班级所有学生的成绩输入后再计算出平均成绩和统计高于平均成绩的人数,并将结果输出。学习任务的实现过程是先输入每个学生的成绩,即在"请输入学生的成绩"后的文本框中一次输入一个学生的成绩,然后单击【输入】按钮。输入完所有的学生成绩后再单击【计算】按钮,即可输出相应的结果。下面是输入成绩60、65、68、69、72后的运行效果图,如图2-20所示。

2. 任务实施

(1) 创建一个项目名称为Count的Windows窗体应用程序。

(2) 设计如图2-20所示界面,具体属性设置参照表2-17。

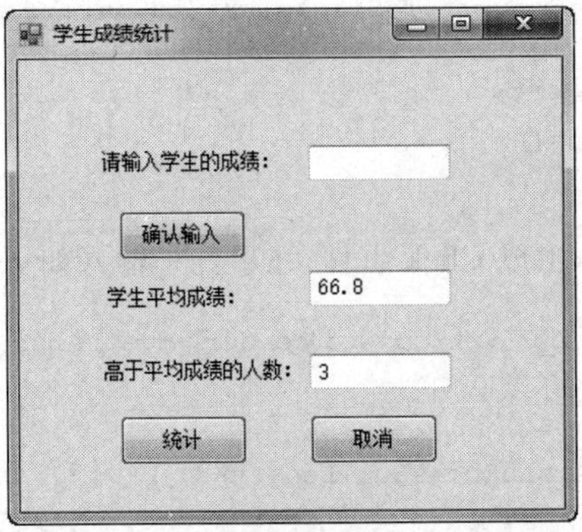

图 2-20　学生成绩统计程序效果图

表 2-17　学生成绩统计程序窗体控件属性的设置

控件名称	属　性	属 性 值
Label1	Name	lblStuScore
	Text	请输入学生的成绩：
Label2	Name	lblAvgScore
	Text	学生平均成绩：
Label3	Name	lblOverAvg
	Text	高于平均成绩的人数：
textBox1	Name	txtStuScore
textBox2	Name	txtAvgScore
textBox3	Name	txtOverAvg
button1	Name	btnConfirm
	Text	确认输入
button2	Name	btnCount
	Text	统计
button3	Name	btnCancel
	Text	取消
Form1	Text	学生成绩统计
	Size	336,300

(3) 在窗体构造函数下面设置两个静态变量，代码如下：

```
static int n=0;
static float[] istuScoreSum=new float[100];
```

(4) 双击【确认输入】按钮，生成 Click 事件，在事件中输入如下代码。

```
private void btnConfirm_Click(object sender, EventArgs e)
{
```

```
    istuScoreSum[n]=Convert.ToSingle(txtStuScore.Text);
    n=n+1;
    txtStuScore.Text="";
    txtStuScore.Focus();
}
```

(5) 双击【统计】按钮,生成 Click 事件,在事件中输入如下代码。

```
private void btnCount_Click(object sender, EventArgs e)
{
    float stuScoreSum=0;
    for(int i=0; i<=istuScoreSum.Length-1; i++)
    {
        stuScoreSum=istuScoreSum[i]+stuScoreSum;
    }
    float avgScore=stuScoreSum/n;
    txtAvgScore.Text=Convert.ToString(avgScore);
    int m=0;
    for(int i=0; i<=istuScoreSum.Length-1; i++)
    {
        if(istuScoreSum[i]>avgScore)
        {m=m+1;}
    }
    txtOverAvg.Text=Convert.ToString(m);
}
```

(6) 双击【取消】按钮,生成 Click 事件,在事件中输入如下代码。

```
private void btnCancel_Click(object sender, EventArgs e)
{
    txtStuScore.Text="";
    txtAvgScore.Text="";
    txtOverAvg.Text="";
    Array.Clear(istuScoreSum,0,n);  //清空数组
    n=0;
    txtStuScore.Focus();
}
```

3. 代码关键点分析与拓展

语句 1:

```
static int n=0;
static float[] istuScoreSum=new float[100];
```

设置静态整型变量 n 和声明静态单精度浮点型数组 istuScoreSum[100],因为 C#语言中没有全局变量,在此使用静态变量实现类似功能。

语句 2:

```
istuScoreSum[n]=Convert.ToSingle(txtStuScore.Text);
```

```
n=n+1;
txtStuScore.Text="";
txtStuScore.Focus();
```

该段语句的作用是每单击一次【输入】按钮就将“请输入学生的成绩”后的文本框中的值赋给数组 istuScoreSum[]保存起来，且 n 的值加 1。接着清空文本框 txtStuScore 中的值，并获得焦点。

语句 3：

```
float stuScoreSum=0;
for(int i=0; i<=istuScoreSum.Length-1;i++)
{
    stuScoreSum=istuScoreSum[i]+stuScoreSum;
}
float avgScore=stuScoreSum/n;
```

数组的下标是 0～istuScoreSum.Length－1。这段程序使用了 for 循环语句来遍历数组 istuScoreSum[i]中的所有元素，将数组中的所有的值相加后保存在浮点型变量 stuScoreSum 中，接着计算平均值 stuScoreSum/n。

语句 4：

```
txtAvgScore.Text=Convert.ToString(avgScore);
```

该语句将平均成绩值 avgScore 转换为字符串，并赋值给文本框 txtAvgScore 的属性值 Text，用于在文本框中显示计算结果。

语句 5：

```
for(int i=0; i<=istuScoreSum.Length-1; i++)
{
    if(istuScoreSum[i]>avgScore)
    m=m+1;
}
```

这段程序使用了 for 循环语句来遍历数组 istuScoreSum[i]中的所有元素，判断数组中大于平均数的数，如果数组中保存的数值大于平均数 m 就加 1，否则继续循环。

拓展：对于输入的成绩大于 100 分或小于 0 分的情况进行判断并给出提示消息框“您的输入不正确，请重新输入！”。

本章小结

本章主要介绍了 C# 程序设计的基础知识，包括常量和变量的定义、数据类型及转换、运算符和表达式、条件判断语句和循环语句以及数组的定义和使用。每一个知识点都列举了相关的例题，并指出读者在学习过程中需要注意的地方。本章还通过 6 个学习任务，使读者能够对所学的知识点加以灵活运用和巩固。熟练掌握本章的内容，为 C# 程序的设计打下坚实的基础。

实训指导

【实训目的要求】

(1) 掌握常量、变量的定义和数据类型及转换。

(2) 掌握运算符、表达式的使用方法。

(3) 掌握条件判断语句和循环语句以及数组的使用方法。

【相关知识与准备】

1. 常量和变量

在程序运行过程中,其值不能改变的量就是常量,其值可以改变的量称为变量。需要注意的是,常量和变量必须先声明数据类型后才能使用,即先要确定常量和变量的名字及数据类型。

2. 数据类型及转换

在C#程序中,首次声明变量时,需要为其指定一种数据类型。类型决定了变量中存储的值的范围,以及能对变量值执行的操作。转换能把一个变量的值移动到另一个变量中,C#中支持两种类型的转换:显式转换和隐式转换。

3. 运算符和表达式

运算符是完成一个动作的特定语言标记,表达式是一个能够返回值的简单结构。

4. 条件判断语句和循环语句

条件控制语句是以特定的值或表达式决定是否执行程序分支,使用的关键字有 if 和 switch 等。循环控制语句是使重复执行某段程序代码,使用的关键字有 while、do、for、foreach 等。跳转控制语句是使程序转移执行,使用的关键字有 break、continue 等。

5. 数组

数组是一个包含若干变量的数据结构,这些变量都可以通过计算索引进行访问。

【实训内容】

题目一:设计一个 Windows 窗体应用程序,要求将一个圆的半径作为输入项,单击【提交】按钮后,在两个文本框中分别显示这个圆的周长和面积。

题目二:设计一个 Windows 窗体应用程序,用三元运算符(?:)把最大数找出来。

题目三:设计一个 Windows 窗体应用程序,计算电路图中的电流 I,已知电路图中电阻 $R_1=200\Omega$、$R_2=300\Omega$、$R_3=600\Omega$。R_2 与 R_3 并联后,再与 R_1 串联。

根据欧姆定律：$R=R_1+R_3\times R_2/(R_3+R_2)$，$I=U/R$。

通过文本框 txtInput 输入电压 U，单击按钮（cmdStart）开始运算，在文本框 txtOutput 中输出计算的电流 I。

题目四：设计一个 Windows 窗体应用程序，通过在文本框中输入年后，单击【提交】按钮显示该年是否为闰年。

判断某一年是否为闰年的条件是符合下面的两个条件之一。

(1) 能被 4 整除，但不能被 100 整除。

(2) 能被 400 整除。

题目五：设计一个 Windows 窗体应用程序，求方程 $ax^2+bx+c=0$ 的根，要求分别从三个文本框中输入 a、b、c 的值，单击【提交】按钮后显示方程的解。

求解方程的根分以下几种情况进行讨论。

(1) $b^2-4ac>0$，有两个不相等的实根。

(2) $b^2-4ac=0$，有两个相等的实根。

(3) $b^2-4ac<0$，没有实根。

(4) $a=0$，不是二次方程。

题目六：设计一个 Windows 窗体应用程序，要求输入成绩计算某个学生奖学金的等级，以三门功课成绩作为评奖依据。标准如下：

符合下列条件之一的可获一等奖。

(1) 平均分不低于 90 分者。

(2) 有两门成绩不低于 95 分，且第三门功课成绩不低于 70 分者。

符合下列条件之一的可获二等奖。

(1) 平均分大于 85 分者。

(2) 有一门成绩不低于 95 分，且另两门功课成绩不低于 78 分者。

各门功课成绩不低于 80 分者可获三等奖学金。

题目七：设计一个 Windows 窗体应用程序，把 1～100 中不能被 7 整除的数输出。

题目八：设计一个 Windows 窗体应用程序，编写一个程序，求 1～100 中奇数的和。

题目九：设计一个 Windows 窗体应用程序，要求从文本框中随机输入一系列的正整数，将其保存在数组中。输入完毕，单击【排序】按钮后，对输入的数据进行从小到大的排序并输出。

题目十：设计一个 Windows 窗体应用程序，要求由文本框输入一串字符或者数字，将其进行加密，如 A 变为 F，0 变为 5，并在另外文本框中输出。

习　　题

1. 选择题

(1) 有定义“double y, x=1;”，则表达式 y=x+3/2 的值是(　　)。

A. 1　　B. 2　　C. 2.0　　D. 2.5

(2) 设有如下定义的变量“char x; int y; float z; double w;”,则表达式 x+y+z+w 值的数值类型为( )。

A. char　　B. int　　C. float　　D. double

(3) “'6'+5”的结果是什么数据类型( )。

A. char　　B. int　　C. string　　D. double

(4) 下列语句序列中,能够将变量 u、s 中的最大值赋值到变量 t 中的是( )。

A. if(u>s) t=u;t=s;　　B. t=s; if(u>s) t=u;

C. if(u>s) t=s; else t=u;　　D. t=u; if(u>s) t=s;

(5) 当 a=20,运行下列代码后,最后的 a 为( )。

```
if(a>15)
  {a=20+1;}
else if(a>25)
  {a=20+2;}
else{a=20+3}
```

A. 27　　B. 21　　C. 16　　D. 23

(6) switch 语句是一个( )语句。

A. 单分支　　B. 双分支　　C. 三分支　　D. 多分支

(7) 以下正确的描述是( )。

A. continue 语句的作用是结束整个循环的执行

B. 只能在循环内和 switch 语句体内使用 break 语句

C. 在循环体内使用 break 语句或 continue 语句的作用相同

D. 从多层循环嵌套中退出时,只能使用 goto 语句

(8) 以下定义一维数组的语句中,正确的是( )。

A. int myArray[5];　　B. int myArray[]=new [5];

C. int myArray[]={1,2,3,4,5};　　D. int myArray[];

(9) 声明一个数组“int[,] a=new int[3,5]”,确定这个数组内包含有( )个元素。

A. 3　　B. 5　　C. 8　　D. 15

(10) 在 try...catch...finally 语句中如果产生异常,执行 finally 语句之后会( );如果没有产生异常,则执行 finally 语句之后会( )。

A. 退出程序;退出程序　　B. 执行剩余语句;执行剩余语句

C. 退出程序;执行剩余语句　　D. 执行剩余语句;退出程序

2. 简答题

(1) 简述 C#标识符的命名规则。

(2) 简述循环语句主要种类,并说出各种循环语句的用法。

(3) 简述各个跳转语句的功能。

(4) 常用的异常处理语句有哪些?

第3章　阶段项目一：四则运算计算器

本章知识目标

- 了解控件的属性设置。
- 掌握变量的定义。
- 掌握控制语句的使用方法。
- 掌握运算符的使用方法。

本章能力目标

- 能够熟练应用控制语句编制复杂程序。
- 能够对程序进行错误调试。

本章介绍的阶段项目是四则运算计算器，是对C#基础知识的综合应用，所用到的基本知识在前面章节都有所涉及。为了方便读者循序渐进地学习，本章设计了三个学习任务：整数四则运算计算器、实数四则运算计算器和带记忆功能四则运算计算器。通过完成三个学习任务，制作的四则运算计算器功能逐步完善。

完成本章三个学习任务后的四则运算效果如图3-1所示。

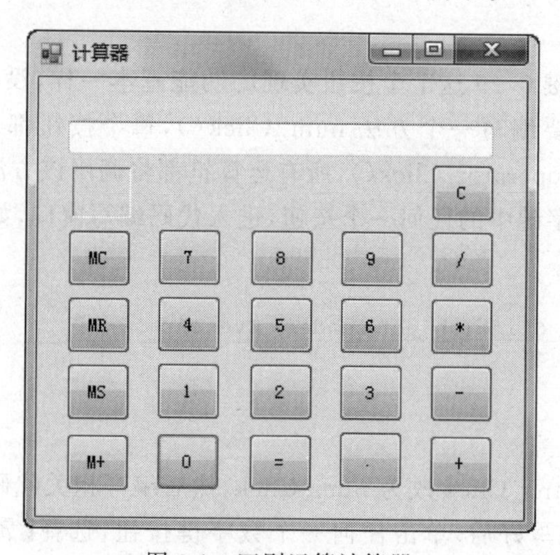

图3-1　四则运算计算器

3.1 学习任务1 整数四则运算计算器的设计

3.1.1 任务分析

本学习任务需要编写一个整数四则运算计算器程序，主要完成整数的加、减、乘、除以及清零功能。窗体效果如图3-2所示。

图3-2 整数四则运算计算器

3.1.2 相关知识

1. 方法的使用

在本任务中，数字键0～9这十个按钮实现的功能基本一样，没必要为每个按钮都编写单击事件代码，只需要编写一个方法num_Click()，每个按钮都调用该方法即可。同理，为运算符编写方法operator_Click()，所有运算符都将调用该方法。

(1) 双击0～9数字键中的任何一个按钮，进入代码编写窗口，如双击数字1按钮，自动生成的代码如下：

```
private void btn1_Click(object sender, EventArgs e)
{

}
```

(2) 将代码中的btn1_Click改为num_Click，然后编写相关代码。

(3) 方法的代码编写好后，单击任何一个数字键按钮，选择【属性】窗口中的事件图标，如图3-3所示。在事件列表中找到Click事件，选择num_Click，如图3-4所示。

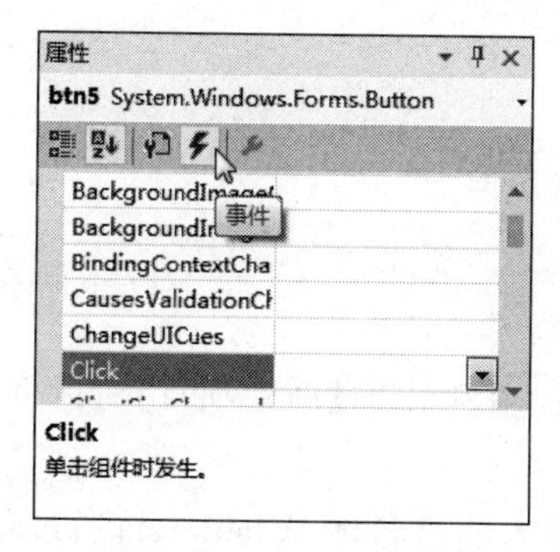

图 3-3　事件按钮

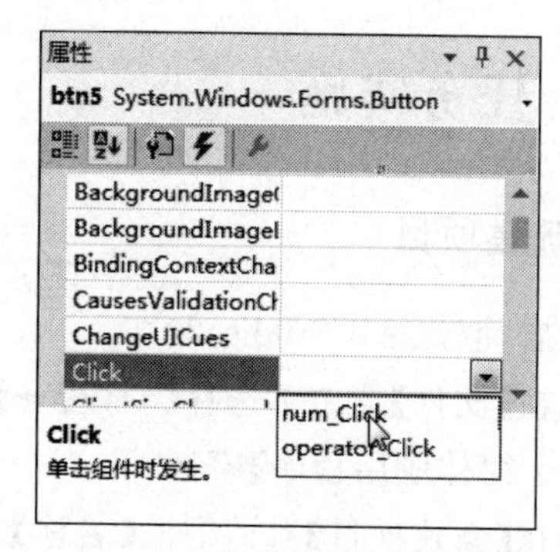

图 3-4　调用方法

2. 强制转换按钮类型

在本任务中按钮较多，如 0～9 这十个按钮都要调用 num_Click()方法，为了确定按下了哪个按钮，则需要强制转换为 Button 类型。代码如下：

```
Button btnNum=(Button)sender;
```

这样，btnNum 就代表当前按下的按钮。如果当前按下的是数字 0 的按钮，则 btnNum.Text 的值就为 0。

如果要将当前按钮的值传递到文本框中数字的后面，则代码如下：

```
txtOutput.Text=txtOutput.Text+btnNum.Text;
```

其中，txtOutput 为文本框。

3. 整数四则运算计算器流程图

整数四则运算计算器流程如图 3-5 所示。

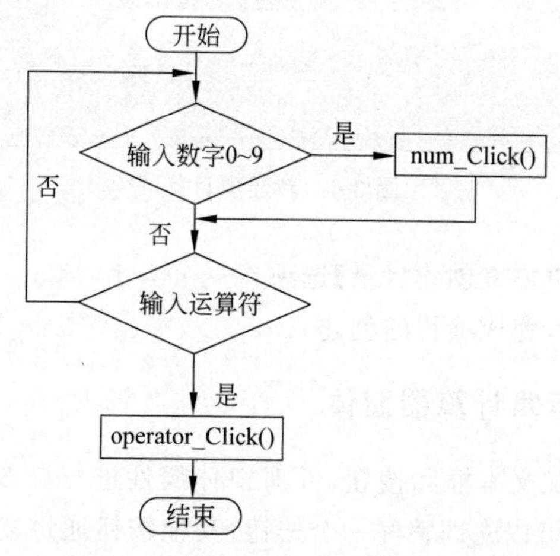

图 3-5　整数四则运算计算器流程图

3.1.3 任务实施

1. 新建项目

(1) 启动 Visual Studio 2015。

(2) 在【文件】菜单下选择【新建】→【项目】命令,在弹出的【新建项目】对话框中选择【Windows 窗体应用程序】模板。

(3) 在【新建项目】对话框的【名称】文本框中输入项目名称 Calculator,通过单击【浏览】按钮进行项目文件保存路径的选择,也可以直接输入项目文件保存的路径,如图 3-6 所示。

图 3-6 新建项目

(4) 默认选中【为解决方案创建目录】选项。

(5) 单击【确定】按钮,完成项目的创建。

2. 设计整数四则运算计算器窗体

在 Form1 窗体上添加文本框和按钮,并对窗体属性进行修改,最终效果如图 3-2 所示。其中在设计按钮时,可以先调整好一个按钮,其他按钮通过复制来完成,这样可以保证设计的按钮大小一致,最后修改各个按钮的属性即可。

具体窗体和控件属性设置如表 3-1 所示。

表 3-1　计算器窗体控件属性设置

控件名称	属　　性	属 性 值
textBox1	Name	txtOutput
	TextAlign	Right
button1	Name	btn0
	Text	0
button2	Name	btn1
	Text	1
button3	Name	btn2
	Text	2
button4	Name	btn3
	Text	3
button5	Name	btn4
	Text	4
button6	Name	btn5
	Text	5
button7	Name	btn6
	Text	6
button8	Name	btn7
	Text	7
button9	Name	btn8
	Text	8
button10	Name	btn9
	Text	9
button11	Name	btnEqual
	Text	＝
button12	Name	btnCancle
	Text	C
button13	Name	btnDivide
	Text	/
button14	Name	btnMultiply
	Text	*
button15	Name	btnSubtract
	Text	—
button16	Name	btnAdd
	Text	＋
Form1	Name	frmCalculator
	Text	计算器
	Size	300,300
	StartPosition	CenterScree

3. 程序代码编写

整数四则运算计算器程序的代码如下：

```
using System;
using System.Collections.Generic;
using System.ComponentModel;
using System.Data;
using System.Drawing;
using System.Linq;
using System.Text;
using System.Windows.Forms;

namespace Calculator
{
    public partial class frmCalculator : Form
    {
        int flag;                                //定义一个控制标志
        int num1;                                //存储第一个操作数
        int results;                             //存储最后的结果
        public frmCalculator()
        {
            InitializeComponent();
        }
        //当用户按下 0~9 数字键时触发
        private void num_Click(object sender, EventArgs e)
        {
            Button btnNum=(Button)sender;
            txtOutput.Text=txtOutput.Text+btnNum.Text;
        }
        //当用户按下运算符时触发
        private void operator_Click(object sender, EventArgs e)
        {
            Button btnOperator=(Button)sender;
            if(btnOperator.Text=="+")
            {
                num1=int.Parse(txtOutput.Text);
                txtOutput.Text="";
                flag=0;
            }
            if(btnOperator.Text=="-")
            {
                num1=int.Parse(txtOutput.Text);
                txtOutput.Text="";
                flag=1;
            }
            if(btnOperator.Text=="*")
            {
                num1=int.Parse(txtOutput.Text);
```

```
            txtOutput.Text="";
            flag=2;
        }
        if(btnOperator.Text=="/")
        {
            num1=int.Parse(txtOutput.Text);
            txtOutput.Text="";
            flag=3;
        }
        if(btnOperator.Text=="C")
        {
            txtOutput.Text="";
            num1=0;
            txtOutput.Focus();
        }
        if(btnOperator.Text=="=")
        {
            if(flag==0)                    //判断是否单击了加号
            {
                results=num1+int.Parse(txtOutput.Text);
            }
            if(flag==1)                    //判断是否单击了减号
            {
                results=num1-int.Parse(txtOutput.Text);
            }
            if(flag==2)                    //判断是否单击了乘号
            {
                results=num1 * int.Parse(txtOutput.Text);
            }
            if(flag==3)                    //判断是否单击了除号
            {
                results=num1/int.Parse(txtOutput.Text);
            }
            txtOutput.Text=results.ToString();
        }
    }
  }
}
```

代码关键点分析如下。

(1) 执行哪种四则运算，由控制标志的值来决定，其值在按下四则运算符号键时已经赋值。

```
if(flag==0)                                //判断是否单击了加号
{
    results=num1+int.Parse(txtOutput.Text);
}
```

(2) 第一个操作数的值不是在按下数字键后马上取得，而是当用户按下了四则运算

符号键时记录,这样保证了变量 num1 始终取的是第一个操作数。代码如下:

```
if(btnOperator.Text=="+")
{
    num1=int.Parse(txtOutput.Text);
    txtOutput.Text="";
    flag=0;
}
```

(3) 第二个操作数的值在单击"="按键时才取得,并且直接参与运算,这样能保证文本框中的值肯定是第二个操作数。代码如下:

```
results=num1+int.Parse(txtOutput.Text);
```

拓展:编写代码,使得计算器能完成数字的连续操作,如连乘为 2*5*6。

3.1.4 任务小结

本学习任务完成了整数四则运算计算器的设计,主要涉及变量的定义、方法的使用、数据类型的转换、控制语句的应用等。通过完成本学习任务,使读者对 C# 基础知识有一个综合的理解和掌握。

3.2 学习任务 2 实数四则运算计算器的设计

3.2.1 任务分析

本学习任务需要在 3.1 节任务的基础上编写一个实数四则运算计算器程序,主要完成实数的加、减、乘、除以及清零功能。窗体效果如图 3-7 所示。

图 3-7 实数四则运算计算器

3.2.2　相关知识

实数四则运算的处理流程如图 3-8 所示。

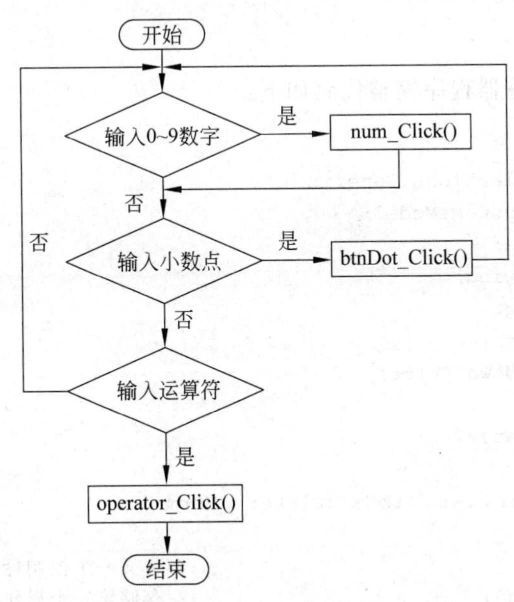

图 3-8　实数四则运算计算器流程图

3.2.3　任务实施

（1）实数四则运算计算器比整数四则运算计算器只是多了一个小数点的处理，因此，第一步则是打开设计好的整数四则运算计算器程序。

（2）对整数四则运算计算器程序界面进行修改，添加一个小数点按钮，具体界面参考图 3-7。

新增的小数点按钮属性设置如表 3-2 所示。

表 3-2　小数点按钮属性

控件名称	属性	属性值
button1	Name	btnDot
	Text	.

（3）为小数点按钮添加代码。

```
private void btnDot_Click(object sender, EventArgs e)
{
    if(txtOutput.Text=="")
    {
```

```
            txtOutput.Text="0.";
        }
        else
        {
            txtOutput.Text=txtOutput.Text+".";
        }
    }
```

实数四则运算计算器程序完整代码如下：

```
using System;
using System.Collections.Generic;
using System.ComponentModel;
using System.Data;
using System.Drawing;
using System.Linq;
using System.Text;
using System.Windows.Forms;

namespace Calculator
{
    public partial class frmCalculator : Form
    {
        int flag;                                       //定义一个控制标志
        double num1;                                    //存储第一个操作数
        double results;                                 //存储最后的结果
        public frmCalculator()
        {
            InitializeComponent();
        }
        //当用户按下 0~9 数字键时触发
        private void num_Click(object sender, EventArgs e)
        {
            Button btnNum=(Button)sender;
            txtOutput.Text=txtOutput.Text+btnNum.Text;
        }
        //当用户按下运算符时触发
        private void operator_Click(object sender, EventArgs e)
        {
            Button btnOperator=(Button)sender;
            if(btnOperator.Text=="+")
            {
                num1=double.Parse(txtOutput.Text);
                txtOutput.Text="";
                flag=0;
            }
            if(btnOperator.Text=="-")
            {
                num1=double.Parse(txtOutput.Text);
                txtOutput.Text="";
```

```
            flag=1;
        }
        if(btnOperator.Text=="*")
        {
            num1=double.Parse(txtOutput.Text);
            txtOutput.Text="";
            flag=2;
        }
        if(btnOperator.Text=="/")
        {
            num1=double.Parse(txtOutput.Text);
            txtOutput.Text="";
            flag=3;
        }
        if(btnOperator.Text=="C")
        {
            txtOutput.Text="";
            num1=0;
            txtOutput.Focus();
        }
        if(btnOperator.Text=="=")
        {
            if(flag==0)                    //判断是否单击了加号
            {
                results=num1+double.Parse(txtOutput.Text);
            }
            if(flag==1)                    //判断是否单击了减号
            {
                results=num1-double.Parse(txtOutput.Text);
            }
            if(flag==2)                    //判断是否单击了乘号
            {
                results=num1 * double.Parse(txtOutput.Text);
            }
            if(flag==3)                    //判断是否单击了除号
            {
                results=num1/double.Parse(txtOutput.Text);
            }
            txtOutput.Text=results.ToString();
        }
    }
    //当用户按下小数点时触发
    private void btnDot_Click(object sender, EventArgs e)
    {
        if(txtOutput.Text=="")
        {
            txtOutput.Text="0.";
        }
        else
```

```
                {
                    txtOutput.Text=txtOutput.Text+".";
                }
            }
        }
    }
```

代码关键点分析如下。

(1) 实数四则运算计算器程序首先需要将存储数字的变量变为 double 类型。

```
double num1;                                    //存储第一个操作数
double results;                                 //存储最后的结果
```

(2) 实数四则运算计算器程序因为操作数都为 double 类型,所以在实施数据四则运算时,都需要转换为 double 类型。

```
num1=double.Parse(txtOutput.Text);
```

(3) 小数点的处理要先判断是否第一次输入就单击了小数点按键,如果是,则显示为"0.";否则就直接添加在文本框的末尾。代码如下:

```
if(txtOutput.Text=="")
{
    txtOutput.Text="0.";
}
else
{
    txtOutput.Text=txtOutput.Text+".";
}
```

拓展:通过编写代码,修复多次连续单击小数点按钮时产生的问题。

3.2.4 任务小结

本学习任务完成了实数四则运算计算器的设计,主要是完成对小数点的处理,并且将各个操作数都变为 double 类型。

3.3 学习任务 3 带记忆功能四则运算计算器的设计

3.3.1 任务分析

本学习任务需要编写一个带记忆功能四则运算计算器程序,具体效果如图 3-1 所示。

3.3.2 相关知识

记忆按钮的功能如表 3-3 所示。

表 3-3　记忆按钮的功能

属性	属　性　值
MC	清除记忆数字
MR	读出记忆数字
MS	把当前的数字存入记忆
M+	把当前的数字累加到记忆的数上成为新记忆的数字

3.3.3　任务实施

（1）打开设计好的实数四则运算计算器。

（2）对实数四则运算计算器界面进行修改，添加四个记忆功能按钮和一个标签，具体界面参考图 3-1。

具体窗体和四个记忆功能控件属性以及一个标签的设置如表 3-4 所示。

表 3-4　新增控件属性设置

控件名称	属　性	属 性 值
button1	Name	btnMC
	Text	MC
button2	Name	btnMR
	Text	MR
button3	Name	btnMS
	Text	MS
button4	Name	btnMAdd
	Text	M+
Label1	Name	lblMemory
	AutoSize	False
	BorderStyle	Fixed3D
	TextAlign	MiddleCenter
	Text	空

（3）为每个记忆功能按钮添加代码。

带记忆功能四则运算计算器相关代码如下：

```
using System;
using System.Collections.Generic;
using System.ComponentModel;
using System.Data;
using System.Drawing;
using System.Linq;
using System.Text;
using System.Windows.Forms;

namespace Calculator
{
```

```
public partial class frmCalculator : Form
{
    int flag;                                       //定义一个控制标志
    double num1;                                    //存储第一个操作数
    double results;                                 //存储最后的结果
    double iMemory;                                 //存储记忆的数字
    public frmCalculator()
    {
        InitializeComponent();
    }
    //当用户按下 0~9 数字键时触发
    private void num_Click(object sender, EventArgs e)
    {
        Button btnNum= (Button) sender;
        txtOutput.Text=txtOutput.Text+btnNum.Text;
    }
    //当用户按下运算符时触发
    private void operator_Click(object sender, EventArgs e)
    {
        Button btnOperator= (Button) sender;
        if(btnOperator.Text=="+")
        {
            num1=double.Parse(txtOutput.Text);
            txtOutput.Text="";
            flag=0;
        }
        if(btnOperator.Text=="-")
        {
            num1=double.Parse(txtOutput.Text);
            txtOutput.Text="";
            flag=1;
        }
        if(btnOperator.Text=="*")
        {
            num1=double.Parse(txtOutput.Text);
            txtOutput.Text="";
            flag=2;
        }
        if(btnOperator.Text=="/")
        {
            num1=double.Parse(txtOutput.Text);
            txtOutput.Text="";
            flag=3;
        }
        if(btnOperator.Text=="C")
        {
            txtOutput.Text="";
            num1=0;
            txtOutput.Focus();
```

```
        }
        if(btnOperator.Text=="=")
        {
            if(flag==0)                    //判断是否单击了加号
            {
                results=num1+double.Parse(txtOutput.Text);
            }
            if(flag==1)                    //判断是否单击了减号
            {
                results=num1-double.Parse(txtOutput.Text);
            }
            if(flag==2)                    //判断是否单击了乘号
            {
                results=num1 * double.Parse(txtOutput.Text);
            }
            if(flag==3)                    //判断是否单击了除号
            {
                results=num1/double.Parse(txtOutput.Text);
            }
            txtOutput.Text=results.ToString();
        }
    }
    //当用户按下小数点时触发
    private void btnDot_Click(object sender, EventArgs e)
    {
        if(txtOutput.Text=="")
        {
            txtOutput.Text="0.";
        }
        else
        {
            txtOutput.Text=txtOutput.Text+".";
        }
    }
    //当用户按下MC键时触发
    private void btnMC_Click(object sender, EventArgs e)
    {
        iMemory=0;
        lblMemory.Text="";
    }
    //当用户按下MR键时触发
    private void btnMR_Click(object sender, EventArgs e)
    {
        txtOutput.Text=iMemory.ToString();
    }
    //当用户按下MS键时触发
    private void btnMS_Click(object sender, EventArgs e)
    {
        iMemory=double.Parse(txtOutput.Text);
        lblMemory.Text="M";
    }
```

```
        //当用户按下 M+键时触发
        private void btnMAdd_Click(object sender, EventArgs e)
        {
            iMemory=iMemory+double.Parse(txtOutput.Text);
        }
    }
}
```

代码关键点分析如下。

(1) 为了存储记忆的数字,单独定义一个变量。

```
double iMemory;
```

(2) 本学习任务关键的设计步骤是将涉及记忆功能的按键代码单独进行编写,这样可以减少判断,避免出错。

拓展:

(1) 编写代码,解决单独单击MS和M+按钮时产生错误的问题。

(2) 参考Windows系统提供的计算器,完成一个类似的程序,如图3-9所示。

图3-9 计算器

3.3.4 任务小结

本学习任务主要完成了带记忆功能的四则运算计算器的设计,通过单独设计一个变量来存储记忆的数字,使计算器拥有简单的记忆功能。

本章小结

本章3个学习任务循序渐进,使计算器功能逐步完善。通过完成3个学习任务,使读者对C#基础知识有一个综合的理解和掌握,并能运用所学的知识完成一个综合项目,为今后的学习打下了良好的基础。

习题

1. 选择题

(1) 在C#语言中,下列能够作为变量名的是(   )。

A. if　　B. 3abcd　　C. a_2c　　D. a-bcd

(2) 在C#语言中,下面的运算符中,优先级最高的是(   )。

A. %　　B. +=　　C. >　　D. ||

（3）条件判断语句是通过判断（　　）而选择执行相应语句的。

A. 结果　　B. 真假　　C. 给定条件　　D. 返回值

（4）下列属于“右结合”的运算符是（　　）。

A. 算术运算符　　B. 关系运算符　　C. 逻辑运算符　　D. 赋值运算符

2. 简答题

（1）简述变量的作用范围，分别给出示例。

（2）按钮控件的常用事件有哪些？

第 4 章　WinForm 常用控件的使用

本章知识目标

- 掌握单选按钮、复选框的使用方法。
- 掌握组合框的使用方法。
- 掌握选项卡控件的使用方法。
- 掌握图片框和图像列表控件的使用方法。
- 掌握树视图控件的使用方法。
- 掌握列表视图控件的使用方法。

本章能力目标

- 能够使用常用控件。
- 能够通过代码修改控件属性。

控件是构成用户界面的基本元素，要编写实用的应用程序，就必须掌握控件的属性、事件和方法。本章主要介绍了 WinForm 常用控件的使用，包括单选按钮、复选框、列表框、组合框、分组类控件、消息对话框、图片框、ImageList 控件、TreeView 控件和 ListView 控件。

4.1　单选按钮控件

单选按钮(RadioButton)控件一般提供给用户几个互斥的选项，例如，用户的性别。它的表现方式为左边一个圆点，右边一段说明，圆点可以选中或未选中。

单选按钮控件可以显示文本、图像或同时显示两者。

4.1.1　单选按钮控件的常用属性

1. AutoCheck

获取或设置一个值，该值表明在单击单选控件时，Checked 值和控件的外观是否自动更改。

如果 AutoCheck 值被设置为 true,用户单击单选按钮时会显示一个选中标记;如果 AutoCheck 属性设置为 false,就必须在 Click 事件处理程序的代码中手工检查单选按钮的状态。

2. Checked

获取或设置一个值,该值指示该单选按钮控件是否已选中。

4.1.2　单选按钮控件的常用事件

1. CheckedChanged

当 Checked 属性的值更改时发生。

2. Click

每次单击单选按钮时,都会引发该事件。与 CheckedChanged 事件不同的是,如果被单击的单选按钮的 AutoCheck 属性是 false,那么该单选按钮根本不会被选中,只引发 Click 事件。

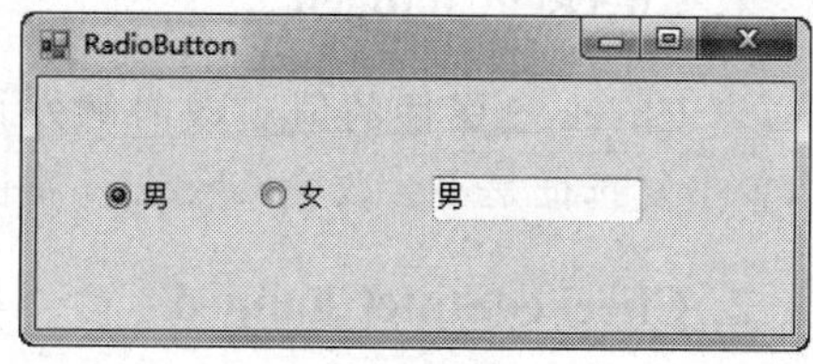

图 4-1　单选按钮的使用方法

例如,如图 4-1 所示,将代码写在按钮的 CheckedChanged 事件中,单击某个单选按钮,在文本框中显示相应的值。

主要代码如下:

```
//第一个按钮被选中
private void radioButton1_CheckedChanged(object sender,EventArgs e)
{
    textBox1.Text=radioButton1.Text;
}
//第二个按钮被选中
private void radioButton2_CheckedChanged(object sender,EventArgs e)
{
    textBox1.Text=radioButton2.Text;
}
```

4.2　复选框控件

复选框(CheckBox)控件的功能和单选按钮控件的功能相似,它们提供用户可以选择或清除的选项。不同之处在于,可以同时选定多个复选框控件,而单选按钮却是互相排斥的。

4.2.1 复选框控件的常用属性

复选框的属性基本上与单选按钮控件相同,有两个新属性需要掌握。

1. CheckState

与单选按钮不同,复选框有三种状态:Checked、Indeterminate 和 Unchecked。复选框的状态为 Indeterminate 时,控件旁边的复选框通常是灰色的,表示复选框的当前取值是无效的,或者说明在当前环境下是没有意义的。

2. ThreeState

获取或设置一个值,该值指示此复选框是否允许三种复选状态而不是两种。

4.2.2 复选框控件的常用事件

1. CheckedChanged

当 Checked 属性的值更改时触发该事件。在复选框中,当 ThreeState 属性为 true 时,单击复选框是不会改变 Checked 属性的。

2. CheckedStateChanged

当复选框的 CheckedState 属性改变时,引发该事件。CheckedState 属性的值可以是 Checked 和 Unchecked。只要 Checked 属性改变了,就会发生此事件。另外,当状态从 Checked 变为 Indeterminate 时,也会引发该事件。

例如,如图 4-2 所示,将选中的爱好显示出来。

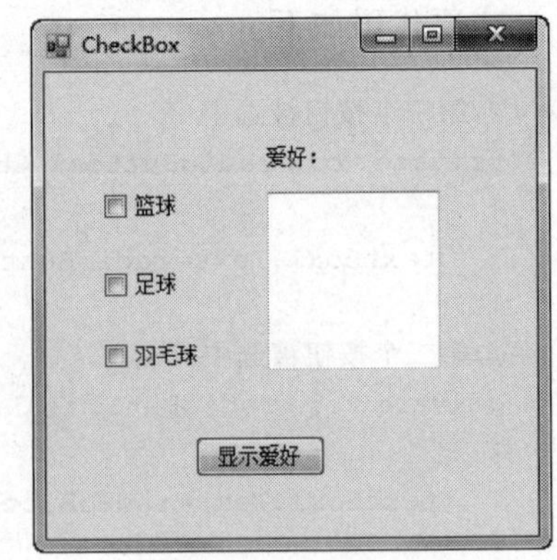

图 4-2 复选框的使用

主要代码如下:

```
//第一个复选框被选中
if(checkBox1.Checked==true)
{
    textBox1.Text=textBox1.Text+checkBox1.Text;
}
//第二个复选框被选中
if(checkBox2.Checked==true)
{
    textBox1.Text= textBox1.Text+ checkBox2.
    Text;
}
//第三个复选框被选中
if(checkBox3.Checked==true)
{
    textBox1.Text=textBox1.Text+checkBox3.Text;
}
```

4.3　列表框控件

列表框(ListBox)控件能以列表的形式显示多个数据项,并接受用户的选择。

4.3.1　列表框控件的常用属性

列表框控件具有如下常用的几个特有属性。

1. Items

该属性用于设置列表框中显示的选项。

2. MultiColumn

该属性用于设置列表框是否包含多列,默认值为 False,表示单列。

3. SelectedIndex

该属性用于所选择的条目的索引号,第一个条目的索引号为 0。如允许多选,该属性返回任意一个选择的条目的索引号;如不选,该值为−1。

4. SelectedItem

该属性用于获取或设置列表框中的当前选定项。

5. SelectionMode

该属性用于设置列表框的选中模式,总共有 4 个可选值。

(1) None:表示不允许进行选择。

(2) One:表示只允许选中一项,此为默认值。

(3) MultiSimple:表示允许选择多项。

(4) MultiExtended:表示允许扩展多选,这时可以像在文件管理器中选择多个文件一样选择多列表项。

4.3.2　列表框控件的常用事件

1. Click

单击列表框时触发。

2. SelectedIndexChanged

SelectedIndex 属性值更改时触发。

4.3.3 列表框控件的常用方法

1. Items.Add()

该方法用于向列表框控件的Items属性集合添加一个项。

2. Items.AddRange()

该方法用于向列表框控件的Items属性集合添加一组项。

3. Items.Remove()

该方法用于移除列表框中的所选项。

4. Items.Clear()

该方法用于清除列表框中的所有项目。

例如,如图4-3所示,列表框中的数据可以左右互换。

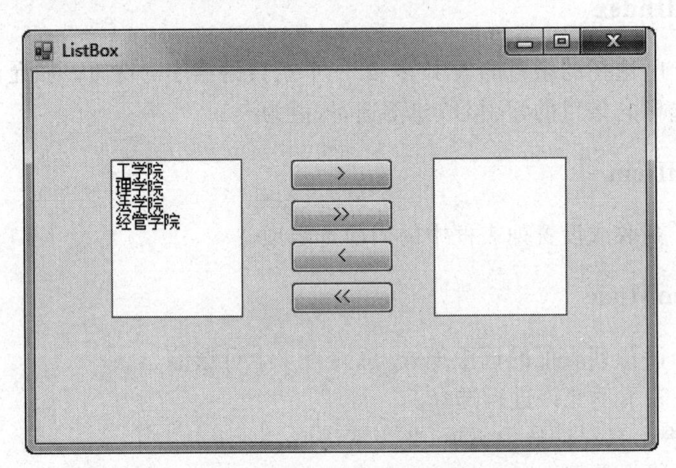

图4-3 列表框控件的使用

主要代码如下:

```
//左边列表框选择项移动到右边列表框
  listBox2.Items.Add(listBox1.SelectedItem);
  listBox1.Items.Remove(listBox1.SelectedItem);
//左边所有项移动到右边
  listBox2.Items.AddRange(listBox1.Items);
  listBox1.Items.Clear();
```

同理,右边的内容移动到左边的代码基本类似。

4.4　组合框控件

组合框(ComboBox)控件由一个文本框和一个下拉列表框组成,可以在文本框中输入内容选项,也可以从下拉列表框中选择选项。因此,组合框的大部分属性、方法等和列表框是一样的,下面只介绍一部分属性和事件,其对应的方法参考列表框。

4.4.1　组合框控件的常用属性

1. DropDownStyle

DropDownStyle 属性有三种值可选,分别为 Simple、DropDown、DropDownList。其中,Simple 表示始终显示列表框;DropDown 表示文本部分可编辑,并且用户必须按箭头键才能查看列表;DropDownList 表示文本部分不可编辑,并且必须选择一个箭头才能查看下拉列表框;DropDown 为默认设置。

2. Items

获取一个对象,该对象表示该组合框中所包含项的集合。该属性使用户可以获取对当前存储在组合框中的项列表的引用。通过此引用,可以在集合中添加项、移除项和获得项的计数。

4.4.2　组合框控件的常用事件

1. DropDown

该事件在显示组合框的下拉部分时触发。

2. SelectedIndexChanged

该事件在 SelectedIndex 属性更改后触发。可以为该事件创建事件处理程序,以确定组合框中选定的索引何时更改。这在需要根据组合框中的当前选定内容显示其他控件中的信息时非常有用。可以使用该事件的事件处理程序来加载其他控件中的信息。

4.5　学习任务 1　学生问卷调查程序设计

1. 任务分析

本学习任务将综合应用前面介绍的几种控件制作一个简单的学生问卷调查程序。用户通过选择相应的问题答案,单击【提交】按钮后,将结果显示出来。具体效果如图4-4所示。

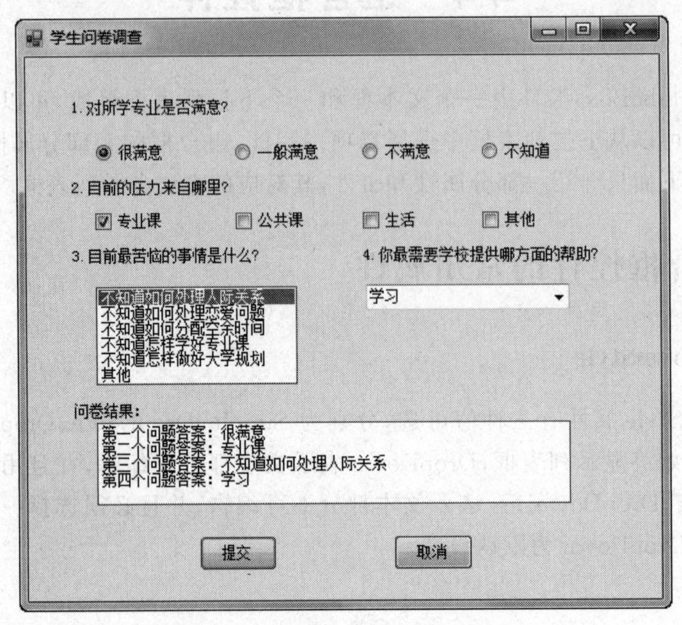

图4-4 学生问卷调查程序的效果图

2. 任务实施

(1) 创建一个项目名称为Investigate的Windows窗体应用程序。

(2) 设计如图4-4所示的界面,具体属性设置参照表4-1。

表4-1 学生问卷调查程序窗体控件属性的设置

控件名称	属性	属性值
Label1	Name	lblQuestion1
	Text	1. 对所学专业是否满意?
Label2	Name	lblQuestion2
	Text	2. 目前的压力来自哪里?
Label3	Name	lblQuestion3
	Text	3. 目前最苦恼的事情是什么?
Label4	Name	lblQuestion4
	Text	4. 你最需要学校提供哪方面的帮助?
Label5	Name	lblResult
	Text	问卷结果:
RadioButton1	Name	rbtnAnswer1
	Text	很满意

续表

控件名称	属 性	属 性 值
RadioButton2	Name	rbtnAnswer2
	Text	一般满意
RadioButton3	Name	rbtnAnswer3
	Text	不满意
RadioButton4	Name	rbtnAnswer4
	Text	不知道
CheckBox1	Name	chkAnswer1
	Text	专业课
CheckBox2	Name	chkAnswer2
	Text	公共课
CheckBox3	Name	chkAnswer3
	Text	生活
CheckBox4	Name	chkAnswer4
	Text	其他
ListBox1	Name	lstAnswer
	Items	不知道如何处理人际关系 不知道如何处理恋爱问题 不知道如何分配空余时间 不知道怎样学好专业课 不知道怎样做好大学规划 其他
ListBox2	Name	lstResult
	Items	为空
ComboBox1	Name	cboAnswer
	Items	学习 人际关系 工作经验 其他
button1	Name	btnOK
	Text	提交
button2	Name	btnCancel
	Text	取消
Form1	Text	学生问卷调查
	Size	512,455

(3) 双击【提交】按钮，生成 Click 事件，在事件中输入如下代码。

```
private void btnOK_Click(object sender, EventArgs e)
```

```
{
    string answer1, answer2, answer3, answer4;
    answer1="";
    answer2="";
    answer3="";
    answer4="";
    if(rbtnAnswer1.Checked==true)
    {
        answer1=rbtnAnswer1.Text;
    }
    if(rbtnAnswer2.Checked==true)
    {
        answer1=rbtnAnswer2.Text;
    }
    if(rbtnAnswer3.Checked==true)
    {
        answer1=rbtnAnswer3.Text;
    }
    if(rbtnAnswer4.Checked==true)
    {
        answer1=rbtnAnswer4.Text;
    }
    if(chkAnswer1.Checked==true)
    {
        answer2=chkAnswer1.Text;
    }
    if(chkAnswer2.Checked==true)
    {
        answer2=answer2+chkAnswer2.Text;
    }
    if(chkAnswer3.Checked==true)
    {
        answer2=answer2+chkAnswer3.Text;
    }
    if(chkAnswer4.Checked==true)
    {
        answer2=answer2+chkAnswer4.Text;
    }
    answer3=lstAnswer.SelectedItem.ToString();
    answer4=cboAnswer.Text;
    lstResult.Items.Add("第一个问题答案:"+answer1);
    lstResult.Items.Add("第二个问题答案:"+answer2);
    lstResult.Items.Add("第三个问题答案:"+answer3);
    lstResult.Items.Add("第四个问题答案:"+answer4);
}
```

(4) 双击【取消】按钮,生成 Click 事件,在事件中输入如下代码。

```
private void btnCancel_Click(object sender, EventArgs e)
{
```

```
    lstResult.Items.Clear();
}
```

3. 代码关键点分析与拓展

语句 1：

```
answer3=lstAnswer.SelectedItem.ToString();
```

取当前列表框中选中的项。

语句 2：

```
answer4=cboAnswer.Text;
```

取当前组合框中的文本值，因为文本值即为选择项的值。

语句 3：

```
lstResult.Items.Add("第一个问题答案:"+answer1);
```

将第一个问题的答案通过 Add()方法添加到列表框中去。

拓展：修改程序，列表框 lstAnswer 和组合框 cboAnswer 的内容在窗体加载时由代码添加。

4.6　分组类控件

分组类控件主要包括面板控件(Panel)、分组框控件(GroupBox)和选项卡控件(TabControl)，这些控件主要用于在其中放置其他控件，它们被称为容器控件。

其中，面板控件和分组框控件比较简单，两个控件基本类似，只是面板控件不能显示标题，但可以有滚动条。选项卡控件管理相关的选项卡，包含选项卡页，这些选项卡页由通过 TabPages 属性添加的 TabPage 对象表示。此集合中的选项卡页的顺序反映了选项卡在控件中出现的顺序。TabControl 中的选项卡是 TabControl 的一部分，但不是各个 TabPage 控件的一部分。TabPage 类的成员(例如 ForeColor 属性)只影响选项卡页的矩形工作区，而不影响选项卡。此外，TabPage 的 Hide()方法不会隐藏选项卡。若要隐藏选项卡，必须从 TabControl.TabPages 集合中移除 TabPage 控件。

4.6.1　分组框控件的常用属性

分组框控件(GroupBox)用得最多的是 Text 属性，用于获取或设置控件上显示的文字。

4.6.2　面板控件的常用方法

面板控件常用的一个方法是 Show()，用于显示控件。

例如,要显示一个面板控件,代码如下:

```
Panel1.Show();
```

4.6.3 选项卡控件的常用属性

1. SelectedIndex

获取或设置当前选定的选项卡页的索引,当前选定的选项卡页从零开始索引。当未选定任何选项卡页时默认值为-1。

2. SelectedTab

获取或设置当前选定的选项卡页。TabPage 表示选定的选项卡页。如果未选定任何选项卡页,则该值为空引用。

3. TabCount

获取选项卡条中选项卡的数目。

4. TabPages

获取该选项卡控件中选项卡页的集合。此集合中的选项卡页的顺序反映了选项卡在控件中出现的顺序。

4.6.4 选项卡控件的常用事件

1. Selected

该事件在选择某个选项卡时发生。

2. SelectedIndexChanged

该事件在 SelectedIndex 属性更改时发生。

4.7 消息对话框

在 Windows 中如果操作有误,通常会在屏幕上显示一个对话框,提示用户进行选择,然后系统根据选择确定其后的操作。这个显示的对话框就是消息框(MessageBox)。本节只重点介绍 MessageBox.Show()方法的使用方法。

该方法的语法如下:

```
MessageBox.Show(string text,string caption,MessageBoxButtons buttons,
MessageBoxIcon icon,MessageBoxDefaultButton defaultButton);
```

参数说明如下。

（1）text：必选项，消息框的正文。

（2）caption：可选项，消息框的标题。

（3）buttons：可选项，用于显示消息框上的按钮，默认只显示【确定】按钮。如 MessageBoxButtons.OKCancel 将显示【确定】和【取消】按钮。按钮参数设置参照表 4-2。

表 4-2　按钮参数的设置

参　数	作　用
OK	只显示【确定】按钮
OKCancel	显示【确定】和【取消】按钮
AbortRetryIgnore	显示【中止】、【重试】和【忽略】按钮
YesNoCancel	显示【是】、【否】和【取消】按钮
YesNo	显示【是】和【否】按钮
RetryCancel	显示【重试】和【取消】按钮

（4）icon：消息框中显示的图标样式，如 MessageIcon.Warning 将显示一个感叹号。具体的图标样式可参考表 4-3。

表 4-3　图标样式参数设置

参　数	图　标	参　数	图　标
Asterisk		Question	
Error		Stop	
Exclamation		Warning	
Hand		None	不显示任何图标
Information			

（5）defaultButton：可选项，用于设置消息框中默认选择的按钮。如果值为 Button1，则表示第一个按钮为默认按钮；如果值为 Button2，则表示第二个按钮为默认按钮；如果值为 Button3，则表示第三个按钮为默认按钮。

当用户单击弹出的消息框的某个按钮时，系统会自动返回一个 DialogResult 枚举类型值。返回值如表 4-4 所示。

表 4-4　Show 方法的返回值

返回值	说　明
OK	【确定】按钮发送信息
Cancel	【取消】按钮发送信息
Yes	【是】按钮发送信息
No	【否】按钮发送信息
Abort	【中止】按钮发送信息
Retry	【重试】按钮发送信息

续表

返回值	说　明
Ignore	【忽略】按钮发送信息
None	从对话框返回了 Nothing。表明有模式对话框继续运行

可以通过以下代码获取消息框的返回值。

```
DialogResult dr = MessageBox.Show("请选择","测试",MessageBoxButtons.
AbortRetryIgnore,MessageBoxIcon
.Asterisk);
textBox1.Text=dr.ToString();
```

消息框的效果如图 4-5 所示。

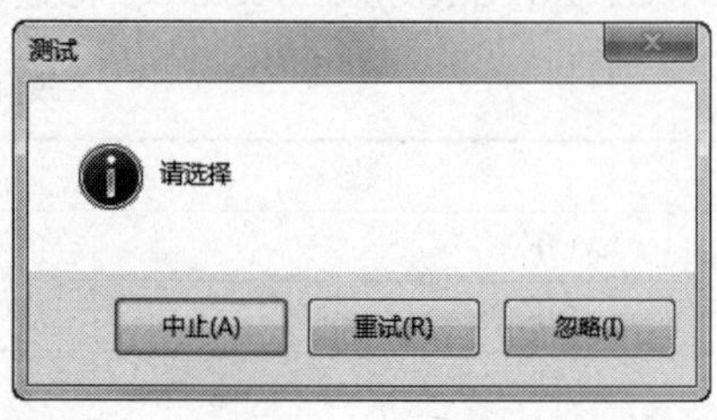

图 4-5　消息框

4.8　学习任务 2　学生档案程序设计

1. 任务分析

本学习任务将综合应用前面介绍的几种控件制作一个学生档案程序。用户通过单击【确定】按钮弹出消息对话框显示相应的信息。具体效果如图 4-6 和图 4-7 所示。

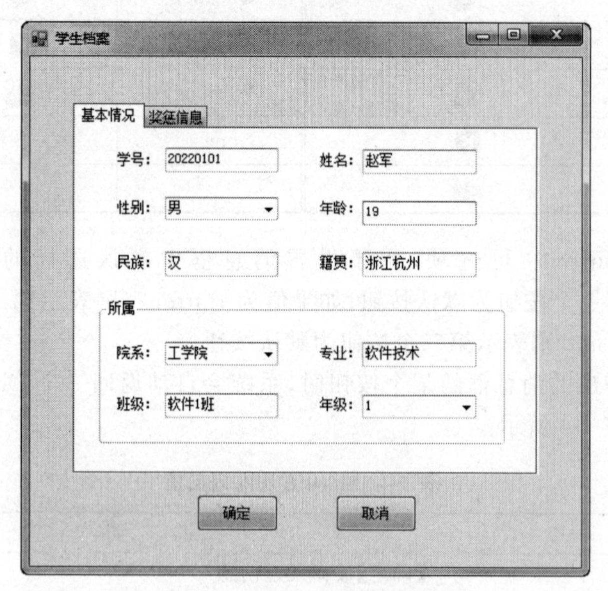

图 4-6　基本情况效果图

2. 任务实施

(1) 创建一个项目名称为 Archives 的 Windows 窗体应用程序。

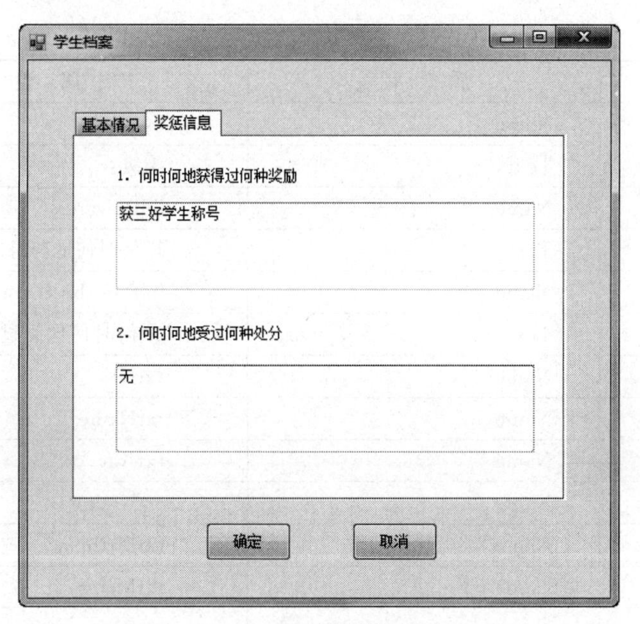

图 4-7　奖惩情况效果图

(2) 设计如图 4-6 和图 4-7 所示的界面，具体属性设置参照表 4-5。

表 4-5　学生档案程序窗体控件属性的设置

控件名称	属　性	属　性　值
Label1	Name	lblID
	Text	学号：
Label2	Name	lblName
	Text	姓名：
Label3	Name	lblSex
	Text	性别：
Label4	Name	lblAge
	Text	年龄
Label5	Name	lblNation
	Text	民族：
Label6	Name	lblBirthplace
	Text	籍贯：
Label7	Name	lblDepartment
	Text	院系：
Label8	Name	lblMajor
	Text	专业：
Label9	Name	lblClass
	Text	班级：

续表

控件名称	属　性	属　性　值
Label10	Name	lblGrade
	Text	年级:
Label11	Name	lblRewards
	Text	1. 何时何地获得过何种奖励
Label12	Name	lblPunishment
	Text	2. 何时何地受过何种处分
textBox1	Name	txtID
textBox2	Name	txtName
textBox3	Name	txtAge
textBox4	Name	txtNation
textBox5	Name	txtBirthplace
textBox6	Name	txtMajor
textBox7	Name	txtClass
textBox8	Name	txtRewards
	Multiline	True
textBox9	Name	txtPunishment
	Multiline	True
groupBox1	Text	所属
tabControl1	Name	tctlStudent
	TabPage.tabPage1.Text	基本情况
	TabPage.tabPage2.Text	奖惩信息
ComboBox1	Name	cboSex
	Items	男 女
ComboBox2	Name	cboDepartment
	Items	工学院 理学院 商学院 法学院 艺术学院 外语学院
ComboBox3	Name	cboGrade
	Items	1 2 3 4

续表

控件名称	属　性	属　性　值
button1	Name	btnOK
	Text	确定
button2	Name	btnCancel
	Text	取消
Form1	Text	学生档案
	Size	490,470

(3) 双击【确定】按钮，生成 Click 事件，在事件中输入如下代码。

```
private void btnOK_Click(object sender, EventArgs e)
{
    MessageBox.Show("学号为:"+txtID.Text+",姓名为:"+txtName.Text+"\r\n"+
    "性别为:"+cboSex.SelectedItem.ToString()+",年龄为:"+txtAge.Text+"\r\n"+
    "民族为:"+txtNation.Text+",籍贯为:"+txtBirthplace.Text+"\r\n"+
    "院系为:"+cboDepartment.SelectedItem.ToString()+",专业为:"+
    txtMajor.Text+"\r\n"+"班级为:"+txtClass.Text+
    ",年级为"+cboGrade.SelectedItem.ToString()+"\r\n"+
    "奖励为:"+txtRewards.Text+"\r\n" +
    "惩罚为:"+txtPunishment.Text, "学生档案信息");
}
```

(4) 双击【取消】按钮，生成 Click 事件，在事件中输入如下代码。

```
private void btnCancel_Click(object sender, EventArgs e)
{
    txtID.Text="";
    txtName.Text="";
    cboSex.SelectedItem="男";
    txtAge.Text="";
    txtNation.Text="";
    txtBirthplace.Text="";
    cboDepartment.SelectedItem="工学院";
    txtMajor.Text="";
    txtClass.Text="";
    cboGrade.SelectedItem="1";
    txtRewards.Text="";
    txtPunishment.Text="";
}
```

3. 代码关键点分析与拓展

语句 1:

```
MessageBox.Show("学号为:"+txtID.Text+",姓名为:"+txtName.Text+"\r\n"
...
+"惩罚为:"+txtPunishment.Text, "学生档案信息");
```

将学生档案信息用消息对话框显示出来,其中,"\r\n"为回车换行。

语句2:

```
cboSex.SelectedItem="男";
```

将组合框中的值设置为初始值。

拓展:

(1) 将民族文本框换成组合框。

(2) 对所有文本框和组合框进行判断,不允许为空;对年龄判断是否为数字,并设置一个数字区间。

(3) 消息对话框设置 Buttons 参数为 OKCancel,则当单击【取消】按钮时,清空所有已填的学生信息。

4.9 图片框控件

图片框(PictureBox)控件表示用于显示图像的 Windows 图片框控件。通常使用 PictureBox 来显示位图、元文件、图标、JPEG、GIF 或 PNG 文件中的图形。

默认情况下,图片框控件在显示时没有任何边框。即使图片框不包含任何图像,仍可以使用 BorderStyle 属性提供一个标准或三维的边框,以便使图片框与窗体的其余部分区分。图片框不是可选择的控件,这意味着该控件不能接收输入焦点。

4.9.1 图片框控件的常用属性

1. Image

Image 属性获取或设置图片框控件显示的图像。该属性可以在设计时或运行时设置。

2. SizeMode

该属性指示如何显示图像。它的有效值从 PictureBoxSizeMode 枚举中获得。默认情况下,在 Normal 模式中,图像置于图片框控件的左上角,凡是因过大而不适合图片框控件的任何图像部分都将被剪裁掉。使用 StretchImage 值可以将图像拉伸,以便适合图片框控件的大小;使用 AutoSize 值会使控件调整大小,以便总是适合图像的大小;使用 CenterImage 值会使图像居于工作区的中心。

4.9.2 图片框控件的常用方法

1. Dispose()

该方法释放由 PictureBox 使用的所有资源。

2. Load(String url)

该方法用于动态运行时加载图像。如果 url 参数指示一个文件，则其建议格式为 "file://[path using forwards lashes]"。例如，通过向 url 参数传递"file://c:/myPicture.jpg"，可访问位于 C 盘的名为 myPicture.jpg 的图像文件。但也可以使用完整路径或相对路径。如果使用的是相对路径，则此路径将被看作相对于工作目录的路径。调用 Load 方法可将 ImageLocation 属性设置为 url 的值。

4.10　图像列表控件

图像列表(ImageList)控件提供管理图像对象集合的方法。

图像列表控件通常由其他控件使用，如 ListView、TreeView 或 ToolBar。可以将位图、图标添加到图像列表控件中，且其他控件能够在需要时使用这些图像。

图像列表控件使用句柄管理图像列表。直到在图像列表上执行某些操作(包括获取 Count 属性值、获取句柄和调用 Draw()方法)时才创建句柄。

4.10.1　图像列表控件的常用属性

1. Images

该属性可获取此图像列表的 ImageList.ImageCollection。如果尚未创建图像集合，则会在检索此属性时创建该图像集合。

2. ImageSize

该属性可获取或设置图像列表中的图像大小。

3. ColorDepth

该属性可用来呈现图像的颜色数。

4. TransparentColor

该属性可获取或设置透明颜色。

4.10.2　图像列表控件的常用方法

1. Draw(Graphics,Point,Int32)

该方法在指定 Graphics 值的给定位置绘制指定索引所指示的图像。

2. Draw(Graphics,Int32,Int32,Int32)

该方法在指定Graphics值的给定位置绘制给定索引所指示的图像。

3. Draw(Graphics,Int32,Int32,Int32,Int32,Int32)

该方法使用指定的位置和大小绘制由指定的Graphics值给定索引所指示的图像。

4.11 树视图控件

树视图(TreeView)控件主要用于显示层次结构的数据,类似于资源管理器。树视图中地各个节点可能包含其他节点,称为子节点,可以按展开或者折叠的方法显示父节点或包含子节点的节点。

4.11.1 树视图控件的常用属性

1. Nodes

该属性可获取分配给树视图控件的树节点集合。

2. ImageIndex

该属性可获取或设置树节点显示的默认图像的图像列表索引值。ImageIndex值是存储在分配给ImageList属性的ImageList中的图像的索引。

3. ImageList

该属性可获取或设置包含树节点所使用的Image对象的ImageList。如果ImageList属性值不是空引用,所有树节点都将显示存储在ImageList中的第一个图像。

4. SelectedImageIndex

该属性可获取或设置当树节点选定时所显示的图像的图像列表索引值。
SelectedImageIndex值是存储在分配给ImageList属性的ImageList中的图像的索引。

5. SelectedNode

该属性可获取或设置当前在树视图控件中选定的树节点。
如果当前未选定任何TreeNode,SelectedNode属性则为空引用。

6. CheckBoxes

该属性可获取或设置一个值,用来指示是否在树视图控件中的树节点旁显示复选框。

设置此属性时,指定的节点将滚入视图,所有父节点都将展开,使指定的节点可见。当选定节点的父节点或任何祖先节点以编程方式或通过用户的操作折叠时,折叠的节点将成为选定的节点。

4.11.2　树视图控件的常用事件

1. AfterSelect

当用户选定树节点后触发该事件。

2. BeforeCheck 和 AfterCheck

BeforeCheck 在选中树节点复选框前发生,AfterCheck 则在选中树节点复选框后发生。

从 BeforeCheck 或 AfterCheck 事件处理程序内设置 TreeNode.Checked 属性将导致该事件被多次引发并可能产生意外行为。如果未将 TreeViewEventArgs 的 Action 属性设置为 TreeViewAction.Unknown,则若要防止该事件被多次引发,需为仅执行递归代码的事件处理程序添加逻辑。

4.11.3　树视图控件的常用方法

树视图控件有很多方法,常用的 ExpandAll()方法用于展开所有树节点,CollapseAll()方法用于折叠所有树节点,其他方法并不常用。

4.12　列表视图控件

列表视图(ListView)控件类似于列表框控件,用于显示一些项目列表,但功能更强大。

列表视图控件允许显示项列表,这些项带有项文本和可选的图标来标识项的类型。例如,Windows 资源管理器的文件列表就与列表视图控件的外观相似,它显示树中当前选定的文件和文件夹的列表。每个文件和文件夹都显示一个与之相关的图标,以帮助标识文件或文件夹的类型。

4.12.1　列表视图控件的常用属性

1. View

该属性可获取或设置各项在控件中的显示方式,共有 5 种显示方式,如表 4-6 所示。

表 4-6　View 属性的值及说明

属 性 值	说　明
LargeIcon	所有项都显示为一个大图标,在它下面有一个标签。这是默认的视图模式
Details	所有项都显示在不同的行上,并带有关于列中所排列的各项的进一步信息。最左边的列包含一个小图标和标签,后面的列包含应用程序指定的子项
SmallIcon	所有项都显示为一个小图标,在它右边带一个标签
List	所有项都显示为一个小图标,在它右边带一个标签。各项排列在列中,没有列标头
Title	所有项都显示为一个完整大小的图标,在它的右边带项标签和子项信息

注意:对于 ListView 控件,需要两个 ImageList 控件才能显示大图像和小图像。

2. Items

该属性可获取包含控件中所有项的集合。这是控件的主要属性,功能及使用方法类似于 TreeView 控件的 Nodes 属性。

3. Columns

该属性可获取控件中显示的所有列标题的集合。

4. Group

该属性可设置控件的分组,可以以组的形式显示相关的项。

4.12.2　列表视图控件的常用事件

1. ItemActivate

该事件在用户激活列表视图控件中一个或多个项时发生。用户可以通过单击或双击(视 Activation 属性的值而定)来激活项,也可以使用键盘来激活项。从 ItemActivate 事件的事件处理程序中可以引用 SelectedItems 或 SelectedIndices 属性来访问在列表视图控件中选定的项的集合,从而确定正在激活哪些项。

2. ItemCheck

该事件在某项的选中状态发生时更改。要在 ListView 控件中各项的旁边显示复选框,CheckBoxes 属性必须设置为真。当项的选中状态发生更改或将 CheckBoxes 属性设置为 true 时,发生 ItemCheck 事件。

4.13　学习任务 3　学生考试安排程序设计

1. 任务分析

本学习任务就是要建立一个学生考试安排程序，具体效果如图 4-8 所示。

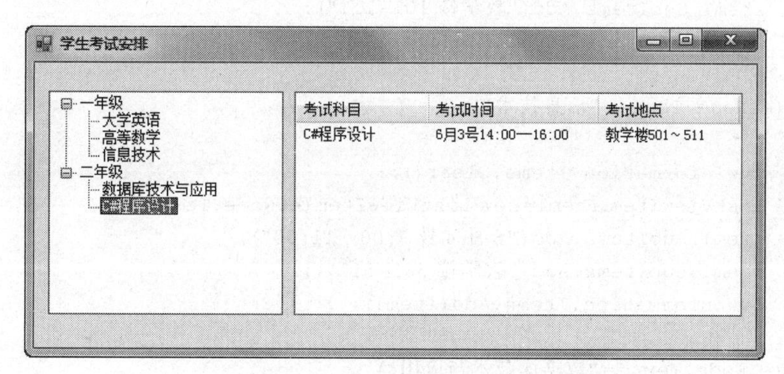

图 4-8　学生考试安排程序效果图

2. 任务实施

（1）创建一个项目名称为 Archives 的 Windows 窗体应用程序。

（2）设计如图 4-8 所示界面，具体属性设置参照表 4-7。

表 4-7　学生考试安排程序窗体控件属性的设置

控件名称	属　性	属　性　值
treeView1	Name	tvwCourse
listView1	Name	lvwInformation
	Columns.columnHeader1.Text	考试科目
	Columns.columnHeader2.Text	考试时间
	Columns.columnHeader3.Text	考试地点
Form1	Text	学生考试安排
	Size	610,270

（3）双击 TreeView 控件，生成 AfterSelect 事件，在事件中输入如下代码。

```
private void tvwCourse_AfterSelect(object sender, TreeViewEventArgs e)
{
    if(e.Node.Text=="大学英语")
    {
        lvwInformation.Items.Clear();
        ListViewItem item1=new ListViewItem(e.Node.Text);
        item1.SubItems.Add("6月3号9:00—11:00");
```

```
        item1.SubItems.Add("教学楼 101～111");
        lvwInformation.Items.Add(item1);
    }
    if(e.Node.Text=="高等数学")
    {
        lvwInformation.Items.Clear();
        ListViewItem item1=new ListViewItem(e.Node.Text);
        item1.SubItems.Add("6月3号 14:00—16:00");
        item1.SubItems.Add("教学楼 101~111");
        lvwInformation.Items.Add(item1);
    }
    if(e.Node.Text=="信息技术")
    {
        lvwInformation.Items.Clear();
        ListViewItem item1=new ListViewItem(e.Node.Text);
        item1.SubItems.Add("6月4号 9:00—11:00");
        item1.SubItems.Add("教学楼 501~511");
        lvwInformation.Items.Add(item1);
    }
    if(e.Node.Text=="数据库技术与应用")
    {
        lvwInformation.Items.Clear();
        ListViewItem item1=new ListViewItem(e.Node.Text);
        item1.SubItems.Add("6月3号 9:00—11:00");
        item1.SubItems.Add("教学楼 501~511");
        lvwInformation.Items.Add(item1);
    }
    if(e.Node.Text=="C#程序设计")
    {
        lvwInformation.Items.Clear();
        ListViewItem item1=new ListViewItem(e.Node.Text);
        item1.SubItems.Add("6月3号 14:00—16:00");
        item1.SubItems.Add("教学楼 501~511");
        lvwInformation.Items.Add(item1);
    }
}
```

3. 代码关键点分析与拓展

语句1：

```
if(e.Node.Text=="大学英语")
```

判断是否选中了“大学英语”节点。

语句2：

```
lvwInformation.Items.Clear();
```

将 ListView 控件清空。

语句 3：

```
ListViewItem item1=new ListViewItem(e.Node.Text);
```

实例化一个 ListViewItem，将选中的节点赋值给它。

语句 4：

```
item1.SubItems.Add("6月3号 9:00—11:00");
item1.SubItems.Add("教学楼 101~111");
```

添加考试时间和考试地点信息。

语句 5：

```
lvwInformation.Items.Add(item1);
```

将 item1 的值添加到 ListView 控件中。

拓展：将 ImageList 控件应用到程序中来，为各门课添加图标。

本章小结

通过本章的 3 个学习任务，读者可以基本掌握单选按钮控件、复选框控件、列表框控件、组合框控件、分组类控件、消息对话框、图片框控件、图像列表控件、树视图控件和列表视图控件等的使用方法。掌握这几个常用控件的使用方法，能完成大多数 Windows 窗体的设计。

实训指导

【实训目的要求】

(1) 掌握单选按钮、复选框的使用方法。

(2) 掌握组合框的使用方法。

(3) 掌握分组类控件的使用方法。

(4) 掌握消息框的使用方法。

(5) 掌握图片框和图像列表控件的使用方法。

(6) 掌握树视图控件的使用方法。

(7) 掌握列表视图控件的使用方法。

【相关知识与准备】

(1) 单选按钮(RadioButton)控件的属性和事件。

(2) 复选框(CheckBox)控件的属性和事件。

(3) 组合框(ComboBox)控件的属性和事件。

(4) 分组类控件的属性和事件。

(5) 消息对话框。

(6) 图片框(PictureBox)控件的属性和方法。

(7) 图像列表(ImageList)控件属性的设置。

(8) 树视图(TreeView)控件的属性和事件。

(9) 列表视图(ListView)控件的属性和事件。

【实训内容】

题目一:在窗体上有一个组合框,名称为 cboTest。程序运行后,在组合框中输入课程名称,然后按 Enter 键。若输入的课程名称在组合框中不存在,则把课程名称添加到组合框中;若输入的课程名称在组合框中存在,则不添加。

题目二:设计一个应用程序,模拟 DIY 配机。首先给出一个计算机配件列表,然后由用户选择要配机的配件,并把配件添加到配机清单中。如果用户对某配件不满意,还可以把它从配机清单中去掉。

题目三:编写一个类似字体的窗体,完成类似的功能,如图 4-9 所示。

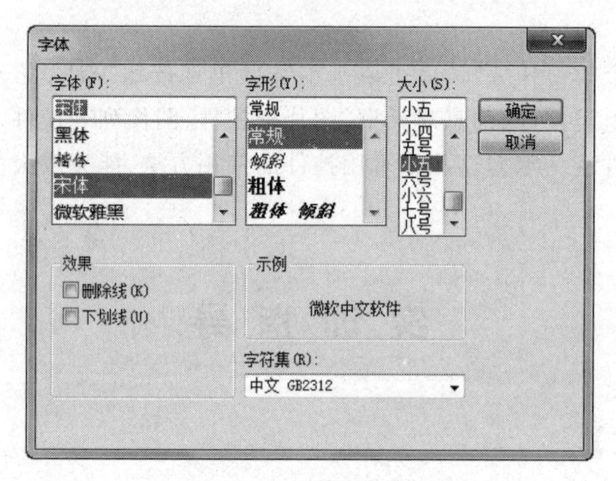

图 4-9 【字体】对话框

习　　题

1. 选择题

(1) 通过设置单选按钮的(　　)属性为 true,可以使用户单击一组单选按钮中的一个,则自动清除同组其他单选按钮的选中状态。

A. Checked　　B. CheckAlign　　C. AutoCheck　　D. TextAlign

(2) PictureBox 控件不能显示的图像文件格式为(　　)。

A. .bmp　　B. .ico　　C. .wmf　　D. .swf

(3) 通过程序选中列表框中的某一列表项,可以使用(　　)方法。

A. SelectedItem　　B. SelectedIndex

C. SelectedIndices　　D. SetSelected

(4) 通过设置控件的(　　)属性,可以使控件的大小随控件内容而自动调节。

A. AutoCheck　　B. AutoSize　　C. SizeMode　　D. Size

(5) 通过设置单选按钮的(　　)属性,可以使单选按钮的文本显示在控件的左侧。

A. Text　　B. TextAlign　　C. CheckAlign　　D. FlatStyle

(6) 使用列表框的(　　)方法,可以清除列表框的所有列表项。

A. RemoveAll　　B. RemoveAt　　C. Clear　　D. Remove

(7) 若列表框中没有任何列表项被选中,则列表框的 ListIndex 属性值为(　　)。

A. 2　　B. 1　　C. 0　　D. −1

(8) 单击组合框的下拉箭头,可以产生(　　)事件。

A. SelectedIndexChanged　　B. DropDown

C. SelectedValueChanged　　D. TextChanged

(9) 当把图片框的 SizeMode 属性设置为(　　)时,可以让图片框中的图片大小适应图片框的大小。

A. Normal　　B. StretchImage　　C. AutoSize　　D. CenterImage

(10) 通过把列表框的 SelectionMode 属性设为(　　),就可以用 Ctrl 和 Shift 键选择列表框中多个列表项。

A. MultiExtended　　B. MultiSimple

C. One　　D. None

2. 简答题

(1) ImageList 控件的主要功能是什么?

(2) TreeView 控件和 ListView 控件主要有什么区别?

第 5 章　面向对象程序设计

本章知识目标

- 了解面向对象技术方法。
- 掌握类的定义和对象的使用方法。
- 掌握类的字段、方法、属性及事件的定义和使用方法。
- 掌握 public、private、protected 修饰符的使用方法。
- 掌握类的继承性及使用方法。
- 掌握类的多态性及使用方法。

本章能力目标

- 能够正确使用类的成员。
- 能够编写简单的类。

本章主要介绍面向对象技术的基本概念和特点、类的字段、属性、方法、修饰符、构造函数、析构函数、继承和多态。对初学者来说，面向对象程序设计比较抽象，本章将知识点与实例相结合，使读者通过简单的实例，掌握面向对象程序设计的思想，编写出简单的类。

5.1　面向对象编程概述

面向对象编程(object oriented programming，OOP)是指在程序设计中采用了封装、继承、抽象等设计方法，它的核心概念是对象(object)和类(class)，因此要掌握面向对象编程，就要理解面向对象编程的基本概念。

5.1.1　类和对象概念

1. 对象

对象是一件事、一个实体、一个名词，可以获得的东西，可以想象为有自己的标识的任何东西。简单地说，一切都是对象，例如人、计算机、桌子等。在程序设计中，对象是包含数据和操作该数据的方法的结构，我们前面所用到的按钮、标签和文本框都是对象。

2. 类

类实际上是对某种类型的对象定义变量和方法的原型。它表示对现实生活中一类具有共同特征的事物的抽象，是面向对象编程的基础。

类和对象是相伴而生的，类好比一个建筑的设计图纸，而对象就是某个基于该设计图纸的建筑。对象是类的实例，所以创建对象的操作称为"实例化"。

面向对象程序设计的主要工作就是设计类，声明类的语法格式如下：

```
[类修饰符] class 类名[:基类]
{
    ...
}
```

在上面的语法中，[ ]表示可选；类修饰符有 abstract、public、protected、internal、private、new、sealed 等。一个类声明可以包含多个类修饰符，但是不能重复；基类与继承有关，将在后面章节中讲解。

在 C# 语言中，一个简单的类包括字段、方法、属性、构造函数和析构函数等成员。类的成员通常是在一起声明的。

例如，定义一个汽车类，代码如下：

```
public class Car
{
    //汽车类的成员，可以是方法、属性等
}
```

定义好之后，使用关键字 new 来创建对应的对象，例如定义一个汽车对象。

```
Car car1=new Car();
```

5.1.2　面向对象编程的基本特点

封装、继承和多态是面向对象编程的三个基本特点。

1. 封装

封装就是把对象的属性和行为结合成一个独立的单位，并尽可能隐蔽对象的内部细节。封装有两个含义：一是把对象的全部属性和行为结合在一起，形成一个不可分割的独立单位。对象的属性值(除了公有的属性值)只能由这个对象的行为来读取和修改。二是尽可能隐蔽对象的内部细节，对外形成一道屏障，与外部的联系只能通过外部接口实现。

封装的信息隐蔽作用反映了事物的相对独立性，可以只关心它对外所提供的接口，即能做什么，而不注意其内部细节，即怎么提供这些服务。

封装的结果使对象以外的部分不能随意存取对象的内部属性，从而有效地避免了外部错误对它的影响,大大减小了查错和排错的难度。另外,当对象内部进行修改时,由于它只通过少量的外部接口对外提供服务,因此同样减小了内部的修改对外部的影响。同时,如果一味地强调封装,则对象的任何属性都不允许外部直接存取,要增加许多没有其他意义、只负责读或写的行为。这为编程工作增加了负担,增加了运行开销,并且使得程序显得臃肿。为了避免这一点,在语言的具体实现过程中应使对象有不同程度的可见性,进而与客观世界的具体情况相符合。

封装机制将对象的使用者与设计者分开,使用者不必知道对象行为实现的细节,只需要用设计者提供的外部接口让对象去做。封装的结果实际上隐蔽了复杂性,并提供了代码重用性,从而降低了软件开发的难度。

2. 继承

客观事物既有共性,也有特性。如果只考虑事物的共性,而不考虑事物的特性,就不能反映出客观世界中事物之间的层次关系,不能完整地、正确地对客观世界进行抽象描述。运用抽象的原则就是舍弃对象的特性,提取其共性,从而得到适合一个对象集的类。如果在这个类的基础上,再考虑抽象过程中各对象被舍弃的那部分特性,则可形成一个新的类,这个类具有前一个类的全部特征,是前一个类的子集,形成一种层次结构,即继承结构。

继承是一种联结类与类的层次模型,继承性是指特殊类的对象拥有其一般类的属性和行为。继承意味着"自动地拥有",即特殊类中不必重新定义已在一般类中定义过的属性和行为,而它却自动地、隐含地拥有其一般类的属性与行为。继承允许和鼓励类的重用,提供了一种明确表述共性的方法。一个特殊类既有自己新定义的属性和行为,又有继承下来的属性和行为。尽管继承下来的属性和行为是隐式的,但无论在概念上还是在实际效果上,都是这个类的属性和行为。当这个特殊类又被它更下层的特殊类继承时,它继承来的与自己定义的属性和行为又被下一层的特殊类继承下去。因此,继承是传递的,体现了大自然中特殊与一般的关系。

在软件开发过程中,继承实现了软件模块的可重用性、独立性,缩短了开发周期,提高了软件开发的效率,同时使软件易于维护和修改。这是因为要修改或增加某一属性或行为,只需在相应的类中进行改动,而它派生的所有类都自动地、隐含地做了相应的改动。

由此可见,继承是对客观世界的直接反映,通过类的继承,能够实现对问题的深入抽象的描述,反映出人类认识问题的发展过程。

3. 多态

面向对象设计借鉴了客观世界的多态性,体现在不同的对象收到相同的消息时产生多种不同的行为方式。例如,在一般类"几何图形"中定义了一个行为"绘图",但并不确定执行时到底画一个什么图形。特殊类"椭圆"和"多边形"都继承了几何图形类的绘图行为,但其功能却不同,一个是要画出一个椭圆,另一个是要画出一个多边形。这样一个绘图的消息发出后,椭圆、多边形等类的对象接收到这个消息后各自执行不同的绘图函数。

面向对象的多态是指同一操作收到不同的消息(信息)或作用于不同的对象,可以有不同的解释,产生不同的执行结果。

5.2　简单类的实现

在 C＃语言中，一个简单的类包括字段、属性、方法、构造函数和析构函数等成员，下面对类成员进行详细介绍。

5.2.1　字段

为了保存类的实例的各种数据信息，C＃提供了两种方法：字段和属性，其中属性提供了良好的数据封装和数据隐藏。

字段定义的基本语法如下：

```
访问修饰符 类型 字段名
```

例如，定义一个圆类 Circle，在其中定义一个半径字段 r。

```
public class Circle
{
    public double r;                                //定义字段
}
```

字段在声明时，可以赋初值，例如：

```
public class Circle
{
    public double r=2;                              //定义字段
}
```

字段的访问使用“.”操作符，例如：

```
Circle circle1=new Circle();
circle1.r=4;
```

C＃中访问修饰符应用非常广泛，用于控制类或类成员的可访问性，表 5-1 列出了常用的访问修饰符。

表 5-1　C＃访问修饰符

访问修饰符	说　　明
public	表示该成员从类定义的外部和派生类的层次都是可以访问的。即可以在任何地方被访问，包括类的外部
protected	表示该成员在类外部是不可视的，而只能由派生类进行访问。即可以在它所属的内部被访问，或者在派生类中被访问
private	表示该成员不能在定义类的作用域外部进行访问。即它仅可以在所属的类的内部被访问
internal	表示该成员只在当前编译单元内是可视的

如果没有对类成员使用访问控制符,那么该成员被默认为可访问性为 private,规定类成员的默认的访问控制符为 private。

5.2.2 属性

属性是对现实世界中实体特征的抽象,类的属性是对字段的扩展。在 C# 中,属性充分体现了对象的封装性,它不能像字段那样是对成员变量的直接操作,而是通过属性访问器来控制对字段的访问。

属性使用访问器 set 和 get 来进行定义,其中 set 用来设置属性,使用 value 关键字来定义由 set 分配的值,而 get 用来获取属性。属性的定义格式如下:

```
修饰符 数据类型 属性名
{
    get
    {
        ...                                //获取属性值的代码,用 return 来返回属性值
    }
    set
    {
        ...                                //设置属性值的代码
    }
}
```

例如,定义一个圆半径的属性。

```
public class Circle
{
    private double r;                      //定义字段
    public double R                        //定义属性
    {
        get
        {
            return r;
        }
        set
        {
            r=value;
        }
    }
}
```

如果一个属性不实现 set()方法,那么这个属性就是只读的。

属性的访问和字段一样,例如,要访问前面定义的圆半径属性,代码如下:

```
Circle circle1=new Circle();
circle1.R=4;
```

5.2.3　方法

方法是类成员，为类或类的对象提供某个方面的行为，用来描述能够“做什么”。定义方法的一般格式如下：

```
[访问修饰符] 返回类型 方法名([形式参数表])
{
    //方法体
}
```

例如，在类 Circle 中定义一个方法 Area()，用于求圆的面积。

```
public double Area(double r)
{
    return 3.14 * r * r;
}
```

5.2.4　构造函数

对象的初始化工作通常由类的构造函数来完成。可以把构造函数理解为一种特殊的方法，它的名称与类的名称一致，它在每次创建对象时被自动调用。

构造函数有以下几个特性。

(1) 构造函数的名称与类名相同。

(2) 构造函数不声明返回类型。

(3) 构造函数通常是公有的(使用 public 访问限制修饰符声明)，如果声明为保护的(protected)或私有的(private)，则该构造函数不能用于类的实例化。

(4) 构造函数的代码中通常只进行对象初始化工作，而不应执行其他操作。

(5) 构造函数在创建对象时被自动调用，不能像其他方法那样显式地调用构造函数。

构造函数可以没有参数，也可以有参数，系统会按照参数的不同调用不同的构造函数进行初始化。使用构造函数可以保证每一个类的实例生成时，都会得到相应的初始化环境。

例如，下面的代码为类 Circle 定义了两个构造函数，一个带参数，另外一个不带参数。

```
public class Circle
{
    private double r;                    //定义字段
    public double R                      //定义属性
    {
        get
        {
            return r;
        }
        set
```

```
            {
                r=value;
            }
        }
        public Circle()                        //定义无参数的构造函数
        {

        }
        public Circle(double i)                //定义带参数的构造函数
        {
            r=i;
        }
        public double Area()
        {
            return 3.14 * r * r;
        }
    }
```

5.2.5 析构函数

对象使用完毕之后,在释放对象时就会自动调用类的析构函数。

析构函数有以下几个特性。

(1) 析构函数的名称与类名相同,但在名称前面加了一个符号"~"。

(2) 析构函数不接收任何参数,也不返回任何值。

(3) 析构函数不能使用任何访问限制修饰符。

(4) 析构函数的代码中通常只进行销毁对象的工作,而不应执行其他的操作。

(5) 析构函数不能被继承,也不能被显式地调用。

析构函数的定义方式比较特别,它的名称必须与类名相同,但前面必须包含"~"来标示它是析构函数。例如,给Circle类定义一个析构函数。

```
public class Circle
{
    //析构函数
    ~Circle()
    {
    }
}
```

如果在类中没有显式地定义一个析构函数,编译时也会生成一个默认的析构函数,其执行代码为空。事实上,在C#语言中使用析构函数的机会很少,通常只用于一些需要释放资源的场合,如删除临时文件、断开与数据库的连接等,因为在.NET中,释放对象的工作是由垃圾收集器而不是开发人员来完成的。除非显式地通过代码来控制垃圾收集器的工作,否则无须了解和控制在什么时候释放对象,也就无法知道析构函数什么时候会被调用。

5.3　学习任务 1　学生类设计

1. 任务分析

本学习任务需要建立一个学生类,并通过一个 Windows 窗体应用程序调用学生类,再将学生信息通过消息框显示出来。具体界面效果如图 5-1 所示。

图 5-1　学生类设计验证界面

2. 任务实施

(1) 创建一个项目名称为 StudentClass 的 Windows 窗体应用程序。

(2) 设计如图 5-1 所示的界面,具体属性设置参照表 5-2。

表 5-2　学生类调用窗体控件属性设置

控件名称	属　性	属 性 值
Label1	Name	lblName
	Text	请输入学生姓名:
Label2	Name	lblAge
	Text	请输入学生年龄:
textBox1	Name	txtName
textBox2	Name	txtAge
button1	Name	btnOK
	Text	确定
button2	Name	btnCancel
	Text	取消
Form1	Text	学生类调用
	Size	300,300

(3) 右击项目 StudentClass,在弹出的菜单中选择【添加】→【类】命令,如图 5-2 所示,建立新类。

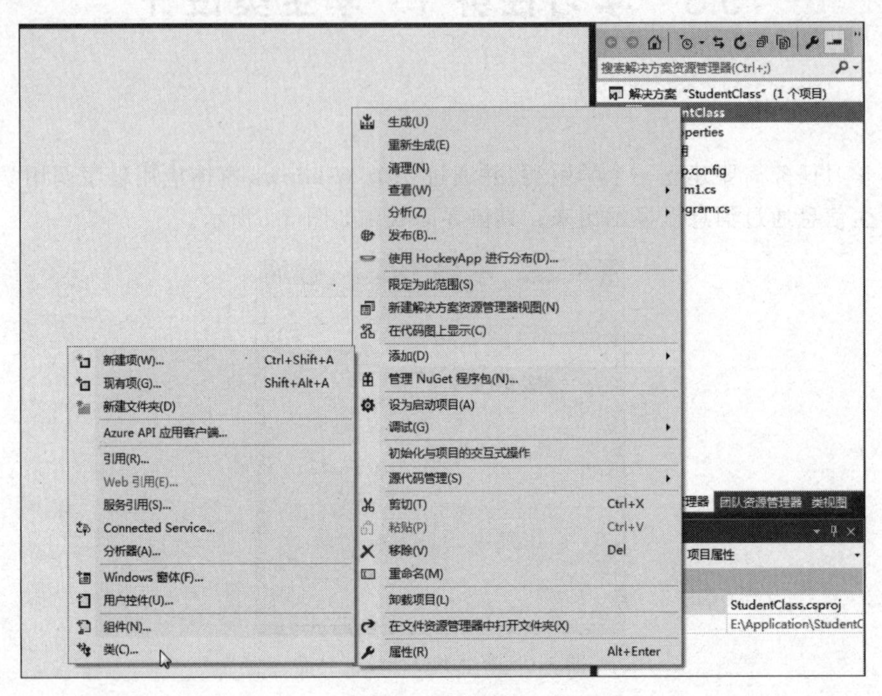

图 5-2　添加类

(4) 在【添加新项】窗口,输入类名 Student,后缀为默认值,如图 5-3 所示。

图 5-3　添加新项

(5) Student 类的代码如下:

```
class Student
{
    private string name;
    private int age;
    public string Name
    {
        get {return name;}
        set {name=value;}
    }
    public int Age
    {
        get {return age;}
        set {age=value;}
    }
    public string Show()
    {
        return "你的姓名为:"+Name+",年龄为:"+Age.ToString();
    }
}
```

(6) 双击【确定】按钮,生成 Click 事件,在事件中输入如下代码。

```
private void btnOK_Click(object sender, EventArgs e)
{
    Student student1=new Student();
    student1.Name=txtName.Text;
    student1.Age=int.Parse(txtAge.Text);
    MessageBox.Show(student1.Show());
}
```

(7) 双击【取消】按钮,生成 Click 事件,在事件中输入如下代码。

```
private void btnCancel_Click(object sender, EventArgs e)
{
    txtName.Text="";
    txtAge.Text="";
    txtName.Focus();
}
```

3. 代码关键点分析与拓展

语句 1:

```
private string name;
private int age;
```

用于定义学生类的字段,分别为姓名和年龄,是私有变量。
语句 2:

```
public string Name
```

```
{
    get {return name;}
    set {name=value;}
}
public int Age
{
    get {return age;}
    set {age=value;}
}
```

定义学生“姓名”属性和“年龄”属性。

语句3：

```
public string Show()
{
    return "你的姓名为:"+Name+",年龄为:"+Age.ToString();
}
```

定义一个方法,用来显示学生的姓名和年龄。

语句4：

```
Student student1=new Student();
```

调用学生类,实例化一个学生 student1,这时学生 student1 就拥有学生的姓名和年龄属性了。

语句5：

```
student1.Name=txtName.Text;
```

将姓名文本框中的内容赋值给学生 student1 的“姓名”属性。

语句6：

```
MessageBox.Show(student1.Show());
```

调用学生类中的 Show()方法,在消息对话框中显示学生的姓名和年龄。

拓展：

(1) 添加性别属性 Sex。

(2) 编写一个构造函数,要求性别初始值为“男”。

5.4 继承与多态

封装、继承和多态是面向对象编程的三个基本特点,也是面向对象编程的三个核心思想。封装在前面章节中都有所体现,下面对继承与多态进行详细讲解。

5.4.1 继承

继承是指一个新定义的类通过另一个类得到,这是在拥有了另一个类的所有特征的基础上，加入新类特有的特征的一种定义类的方式。

创建继承基类的派生类的定义格式如下：

```
class 派生类名:基类名
{
  ...                                  //派生类成员的定义
}
```

例如，定义一个形状类 Shape 和一个派生类 Circle。

```
public class Shape
{
    private double s;
}
public class Circle:Shape
{
    private double r;
}
```

在上面的代码中，类 Circle 从类 Shape 继承，类 Shape 被称为基类，类 Circle 被称为派生类。

从对客观世界的反映来看，类应该支持多继承。但在 C# 中，只允许单继承，派生类只能有一个基类。这是由于多继承会增加类的复杂度，而且用单继承已能够满足要求，一个类不需要从多个类中派生得到。从一定意义上看，多次单继承可以看成一次多继承。所以 C# 类的继承机制规定只允许单继承，即派生类只有一个基类。类只允许单继承，但允许继承多个接口。

5.4.2 多态

继承和多态往往与虚方法、抽象类、抽象方法等有关，下面将对它们进行简单的介绍。

1. 多态

面向对象的多态是指同一操作收到不同的消息(信息)或作用于不同的对象，可以有不同的解释，产生不同的执行结果。

多态分为两种：一种是编译时多态；另一种是运行时多态。

(1) 编译时多态

编译时多态是通过方法重载来实现的。对于非虚的成员来说，系统在编译时，根据传递的参数、返回的类型等信息决定实现何种操作。

(2) 运行时多态

运行时多态是指在系统运行时，根据执行时对实际对象的指向决定实现何种操作。C# 中运行时多态是通过在派生类中覆写基类的虚方法或抽象类的抽象方法来实现的。

2. 虚方法

一般的，派生类很少一成不变地去继承基类中的所有成员。一种情况是：派生类中的方法成员可以隐藏基类中同名的方法成员，这时通过关键字 new 对成员加以修饰；另一种更为普遍和灵活的情况是：将基类的方法成员定义为虚方法，而在派生类中对虚方法进行重载。后者的优势在于它可以实现运行时的多态性，即程序可以在运行过程中确定应该调用哪一个方法成员。

在类中的方法声明前加上 virtual 修饰符，就称为虚方法。在使用 virtual 修饰符后，则不允许再使用 static、abstract 或者 override 修饰符。派生类的重载方法通过关键字 override 进行定义。

下面的例子说明了虚方法的使用方法。

```
public class Shape
{
    private double s;
    public virtual double Area()
    {
        return s;
    }
}
public class Circle:Shape
{
    private double r;
    public override double Area()
    {
        return 3.14 * r * r;
    }
}
```

3. 抽象类

在某些情况下，基类并不与具体的事物相联系，而是只表达一种抽象的概念，用来为他的派生类提供一个公共的接口，因此，C# 中引入了抽象类的概念。

抽象类表达的是抽象的概念，它本身不与具体的对象相联系。例如，“动物”就可以是一个抽象类，因为每一个具体的动物对象必然是其派生类的实例，如“猪”对象、“羊”对象等。

对于抽象类，不允许创建类的实例，抽象类只能作为其他类的基类，而且抽象类不能使用 new 操作符。

抽象类使用 abstract 修饰符进行说明，格式如下：

```
abstract class 类名
{
    ...
}
```

例如，定义一个形状的抽象类 Shape。

```
abstract class Shape
{
```

```
    ...
}
```

4. 抽象方法

由于抽象类本身表达的是一种抽象的概念，因此类中的方法也并不一定要有具体的实现，这样就定义成抽象方法。抽象方法使用 abstract 修饰符进行说明，格式如下：

```
修饰符 abstract 类型 方法名称(参数)
{
    ...
}
```

事实上，抽象方法是一种新的虚方法，它不提供具体的方法实现代码。只能在抽象类中声明抽象方法，对抽象方法不能再使用 static 或者 virtual 修饰符，而且方法不能有任何可执行的代码，只需给出方法的原型即可。重写抽象方法使用 override 关键字。

例如，为抽象类 Shape 声明一个抽象方法 Area()，并且定义一个类 Circle 继承形状类，重写方法 Area()。

```
abstract class Shape
{
    public abstract double Area();
}
public class Circle:Shape
{
    private double r;
    public abstract override double Area()
    {
        return 3.14 * r * r;
    }
}
```

5.5　学习任务 2　教师类设计

1. 任务分析

本学习任务需要使用类的继承建立教师类，并通过一个 Windows 窗体应用程序调用教师类，再将教师信息通过消息框显示出来。具体窗体效果如图 5-4 所示。

2. 任务实施

(1) 创建一个项目名称为 TeacherClass 的 Windows 应用程序。

(2) 设计如图 5-4 所示界面，具体属性设置参照表 5-3。

图 5-4　教师类使用效果图

表 5-3　教师类调用窗体控件属性设置

控件名称	属　性	属 性 值
Label1	Name	lblName
	Text	请输入姓名:
Label2	Name	lblSex
	Text	请输入性别:
Label3	Name	lblAge
	Text	请输入年龄:
Label4	Name	lblTitle
	Text	请输入职称:
Label5	Name	lblDepartment
	Text	请输入部门:
textBox1	Name	txtName
textBox2	Name	txtSex
textBox3	Name	txtAge
textBox4	Name	txtTitle
textBox5	Name	txtDepartment
button1	Name	btnOK
	Text	确定
button2	Name	btnCancel
	Text	取消
Form1	Text	教师类使用
	Size	300,300

(3) 在项目中添加两个类文件：Person 类和 Teacher 类。

(4) Person 类的代码如下：

```
class Person
```

```
{
    private string name;
    private string sex;
    private int age;
    public string Name
    {
        get {return name;}
        set {name=value;}
    }
    public string Sex
    {
        get {return sex;}
        set {sex=value;}
    }
    public int Age
    {
        get {return age;}
        set {age=value;}
    }
    public virtual string Show()
    {
        return "你的姓名为:"+Name+",性别为:"+Sex+",年龄为:"+Age.ToString();
    }
}
```

（5）Teacher 类的代码如下：

```
class Teacher:Person
{
    private string title;
    private string department;
    public string Title
    {
        get { return title; }
        set { title=value; }
    }
    public string Department
    {
        get { return department; }
        set { department=value; }
    }
    public override string Show()
    {
        return "你的姓名为:"+Name+",性别为:"+Sex+",年龄为:"+Age.ToString()+
        "\r\n"+"职称为:"+Title+"部门为:"+Department;
    }
}
```

（6）双击【确定】按钮，生成 Click 事件，在事件中输入如下代码。

```
private void btnOK_Click(object sender, EventArgs e)
{
    Teacher teacher1=new Teacher();
    teacher1.Name=txtName.Text;
    teacher1.Sex=txtSex.Text;
    teacher1.Age=int.Parse(txtAge.Text);
    teacher1. Title=txtTitle.Text;
    teacher1.Department=txtDepartment.Text;
    MessageBox.Show(teacher1.Show());
}
```

(7) 双击【取消】按钮,生成 Click 事件,在事件中输入如下代码。

```
private void btnCancel_Click(object sender, EventArgs e)
{
    txtName.Text="";
    txtSex.Text="";
    txtAge.Text="";
    txtTitle.Text="";
    txtDepartment.Text="";
    txtName.Focus();
}
```

3. 代码关键点分析与拓展

语句 1:

```
class Teacher:Person
```

表示 Teacher 类继承自 Person 类。

语句 2:

```
Teacher teacher1=new Teacher();
```

调用教师类,实例化一个教师 teacher1,这时教师 teacher1 就拥有 Person 类的姓名、性别、年龄属性,又拥有教师类自身的职称和部门属性。

拓展:

(1) 添加一个学校行政人员类,继承自教师类,其拥有职务属性。

(2) 添加一个窗体,通过调用行政人员类显示行政人员的基本信息。

本章小结

本章主要介绍面向对象技术的基本概念和特点、类的字段、属性、方法、修饰符、构造函数、析构函数、继承和多态。其中,关于多态、虚方法、抽象类以及抽象方法的应用,读者可以参考其他专业书籍进一步学习。

本章将知识点与实例相结合,使读者通过学习简单的实例,掌握面向对象程序设计的思想,编写出简单的类。本章还通过2个学习任务,使读者能够对所学的知识点加以灵活运用和巩固。熟练掌握本章的内容,对今后面向对象的程序设计的学习至关重要。

实训指导

【实训目的要求】

(1) 掌握类的定义和对象的使用方法。
(2) 掌握类的字段、方法、属性及事件的定义和使用方法。
(3) 掌握类的继承性及使用方法。
(4) 掌握类的多态性及使用方法。

【相关知识与准备】

1. 类

类实际上是对某种类型的对象定义变量和方法的原型。它表示对现实生活中一类具有共同特征的事物的抽象,是面向对象编程的基础。

2. 对象

对象是一件事、一个实体、一个名词,可以获得的东西,可以想象有自己的标识的任何东西。

3. 继承

继承是指一个新定义的类通过另一个类得到,在拥有了另一个类的所有特征的基础上,加入新类特有的特征的一种定义类的方式。

4. 多态

面向对象的多态是指同一操作收到不同的消息(信息)或作用于不同的对象,可以有不同的解释,产生不同的执行结果。

【实训内容】

题目一:创建一个时间类TimeClass,它有3个整型属性为Hour、Minute、Second,它们分别代表小时、分、秒。在类TimeClass中定义一个不含参数的方法ToOutput,用于输出一个时间字符串,它包括6个数字,如023425,表示2小时34分25秒。通过Windows窗体应用程序测试编写的时间类TimeClass。

题目二:在时间类TimeClass中定义一个构造函数,它包含3个整型参数为MyHour、MyMinute、MySecond,可用来设置时间。另外,要求对3个属性Hour、

Minute、Second 进行数据检查,如分钟数字和秒钟数字不能超过60。使用定义的构造函数创建一个时间类 TimeClass 的实例,编译并进行测试。

题目三:编一个程序,定义一个类,该类中定义两个方法:一个方法用来求出这个三角形的周长;另一个方法用来求出这个三角形的面积。已知三角形的3条边 a、b、c,计算其面积可以用 Math 类中的 Sqrt()方法,有表达式 Math.Sqrt(s * (s－a) * (s－b) * (s－c)),可以利用它计算指定数的开方,其中 $s=(a+b+c)/2$。通过窗体的文本框输入一个三角形的3条边 a、b、c,要求调用这两个方法计算三角形的周长和面积,并将结果输出在窗体的相应文本框中。

注意:在输入三角形三条边时,必须检查它们的数据合法性。

题目四:创建一个鱼类 FishClass,它有2个属性为 Weight(重量)、Length(长),有一个方法 FishShow()可返回类实例的属性值。

题目五:创建一个鲨鱼类 Shark,它继承于鱼类 FishClass,有一个属性为 Type(种类),有一个重载方法 FishShow()可返回类实例的属性值。

题目六:重写鱼类 FishClass,使其抽象化,并重写鲨鱼类 Shark,然后测试效果。

题目七:以一个学校教职工为例,尽可能地找出并定义各种人员的类,画出类的层次结构图。要求定义的类中拥有各类人员的典型属性。

习　　题

1. 选择题

(1) 以下关于类和对象的说法中,不正确的是(　　)。

A. 类包含了数据和对数据的操作　　B. 一个对象一定属于某个类

C. 密封类不能被继承　　D. 可由抽象类生成对象

(2) 下面有关析构函数的说法中,不正确的是(　　)。

A. 析构函数中不可以包含 return 语句

B. 一个类中只能有一个析构函数

C. 用户可定义有参析构函数

D. 析构函数在对象被撤销时,被自动调用

(3) 下面有关派生类的描述中,不正确的是(　　)。

A. 派生类可以继承基类的构造函数

B. 派生类可以隐藏和重载基类的成员

C. 派生类不能访问基类的私有成员

D. 派生类只能有一个直接基类

(4) 下面关于虚方法的描述中,正确的是(　　)。

A. 虚方法可以实现静态联编

B. 在一个程序中,不能有同名的虚方法

C. 虚方法必须是类的静态成员

D. 在派生类中重载虚方法，必须加上 override 修饰符

(5) 下面关于抽象类的描述中，正确的是(　　)。

A. 因为抽象类不能实例化，所以抽象类不能包含构造函数

B. 基类是抽象类，该基类的派生类可以是抽象类，也可以不是抽象类

C. 抽象类中，只能包含抽象方法，不能包含实例方法

D. 抽象类中的抽象方法可以具有公有、私有、保护访问权限

(6) 下面对派生类和基类的关系的描述中，不正确的是(　　)。

A. 派生类是基类的子集

B. 派生类是对基类的进一步扩充

C. 派生类也可以作为另一个派生类的基类

D. 派生类不但继承了基类的公有成员和保护成员，还继承了私有成员

(7) 一个方法被定义成对不同的数据类型完成同一个任务，此方法称为(　　)。

A. 重载函数　　B. 泛型方法　　C. 构造函数　　D. 析构函数

(8) 下面有关类和对象的说法中，不正确的是(　　)。

A. 类是一种系统提供的数据类型

B. 对象是类的实例

C. 类和对象的关系是抽象和具体的关系

D. 任何对象只能属于一个具体的类

(9) 下面有关继承的说法中，正确的是(　　)。

A. A 类和 B 类均有 C 类需要的成员，因此可以从 A 类和 B 类共同派生出 C 类

B. 在派生新类时，可以指明是公有派生、私有派生或保护派生

C. 派生类可以继承基类中的成员，同时也继承基类的父类中的成员

D. 在派生类中，不能添加新的成员，只能继承基类的成员

(10) 下面有关构造函数的说法中，不正确的是(　　)。

A. 构造函数中，不可以包含 return 语句

B. 一个类中只能有一个构造函数

C. 构造函数在生成类实例时被自动调用

D. 用户可以定义无参构造函数

2. 简答题

(1) 类的成员主要有哪些？

(2) 构造函数和析构函数的功能是什么？

(3) 简述继承和多态的功能。

第6章　阶段项目二：学生成绩管理系统

本章知识目标

- 掌握 MDI 窗体的设计方法。
- 掌握菜单、工具栏、状态栏的设计方法。
- 熟练掌握 ADO.NET 的使用方法。

本章能力目标

- 能够开发一个小型项目。
- 能够对项目进行调试。
- 能够对项目进行界面打包部署。

在学校的日常生活中，学生成绩是考核学生的一个重要指标。随着信息技术的发展，原有的学生成绩管理模式已经不能满足广大教师和学生的基本需求，如何将学生成绩的管理融入日常的信息化管理当中，这已成为各个学校重点考虑的课题。

本章通过对学生成绩管理系统的完整开发过程的讲解，为读者今后的系统开发提供参考样本。

6.1　学习任务1　系统分析

6.1.1　任务分析

本学习任务对学生成绩管理系统进行分析，主要分析系统有哪些功能模块，系统的数据库一般应该怎样设计等。

6.1.2　相关知识

软件开发的标准过程包括六个阶段。

(1) 可行性与计划研究阶段：确定该软件的开发目标和总的要求，进行可行性分析、投资收益分析，制订开发计划，并完成应编制的文件。

(2) 需求分析阶段：与用户一起确定要解决的问题，建立软件的逻辑模型，编写需求规格说明书文档并最终得到用户的认可。

（3）设计阶段：将软件分解成模块是指能实现某个功能的数据和程序说明、可执行程序的程序单元。

（4）实现阶段：把软件设计转换成计算机可以接受的程序。

（5）测试阶段：发现软件中的错误。

（6）运行与维护阶段：交给用户来使用及运行程序，对运行过程中发现的问题进行必要的维护。

6.1.3　任务实施

1. 系统需求概述

学生成绩管理系统需要完成学生基本信息的管理、课程基本信息的管理以及学生成绩的管理，包括数据的添加、删除、修改和基本数据的查询。

2. 系统总体设计

（1）学生成绩管理系统的功能模块如图 6-1 所示。

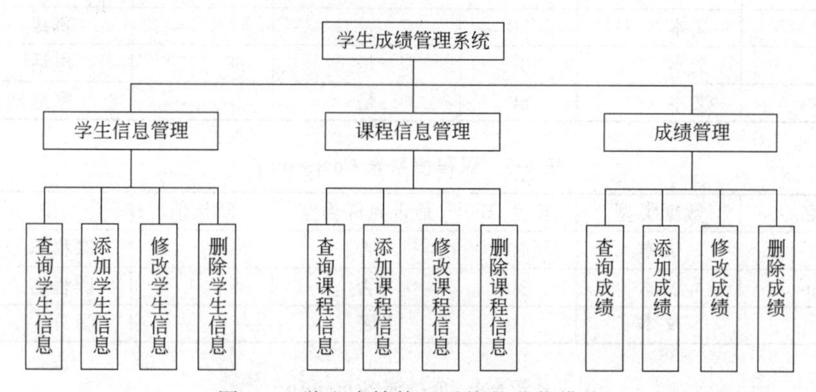

图 6-1　学生成绩管理系统的功能模块

（2）学生成绩管理系统的业务流程图如图 6-2 所示。

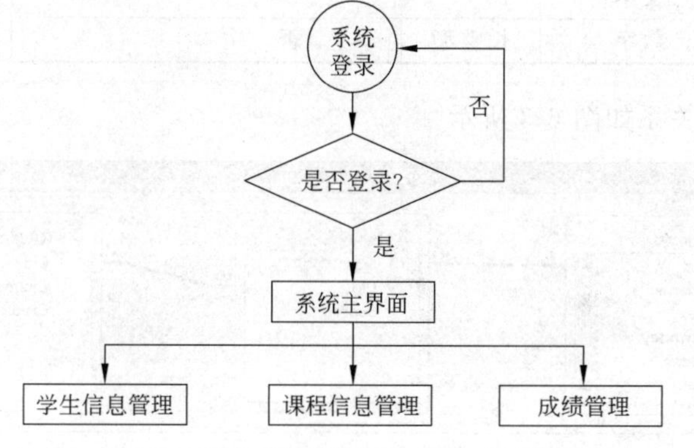

图 6-2　学生成绩管理系统的业务流程图

(3) 数据库设计。

一套完善的系统离不开数据库的设计,数据库设计得好坏直接关系着系统的开发已经应用的整个过程。根据系统的需求分析以及系统的功能模块设计,本系统主要涉及四个表,分别为用户表Userinfo、学生信息表Studentinfo、课程信息表Courseinfo、成绩表Scoreinfo。本系统采用Access建立数据库,如表6-1~表6-4所示。

表6-1 用户表Userinfo

列 名	数据类型	长度/B	是否允许为空	默认值	说 明
Userid	文本	20	否		用户名(主键)
Userpwd	文本	20	否		用户密码
Userlevel	文本	10	否	教师	用户权限

表6-2 学生信息表Studentinfo

列 名	数据类型	长度/B	是否允许为空	默认值	说 明
Sid	文本	10	否		学号(主键)
Sname	文本	10	否		姓名
Sex	文本	2	否	男	性别
Birthday	日期/时间		否		出生日期
Class	文本	20	否		班级
Tel	文本	30	是		电话
Address	文本	50	是		家庭地址

表6-3 课程信息表Courseinfo

列 名	数据类型	长度/B	是否允许为空	默认值	说 明
Cid	文本	10	否		课程编号(主键)
Cname	文本	30	否		课程名
Credit	文本	10	否		学分

表6-4 成绩表Scoreinfo

列 名	数据类型	长度/B	是否允许为空	默认值	说 明
Sid	文本	10	否		学号(主键)
Cid	文本	10	否		课程编号(主键)
Score	数字	长整型	否		成绩

数据表之间的关系如图6-3所示。

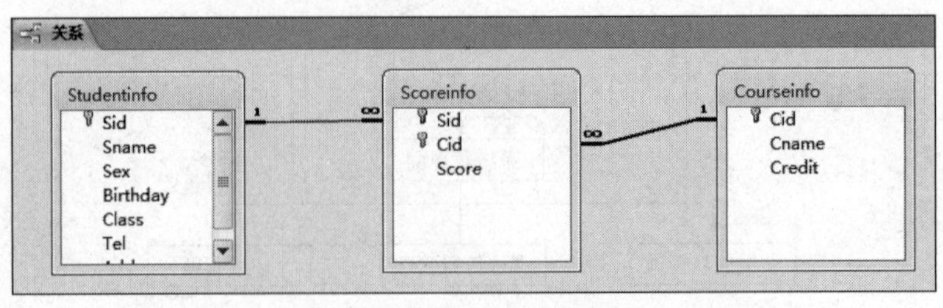

图6-3 数据表之间的关系

6.1.4　任务小结

本学习任务主要对学生成绩管理系统进行了需求分析，列出了该系统的功能模块，并完成了数据库设计。通过本学习任务的学习，大家对学生成绩管理系统有一个基本的认识，为后续的学习打下了基础。

6.2　学习任务 2　系统框架搭建

6.2.1　任务分析

根据系统需求的分析，本学习任务将搭建整个系统框架，只建立项目和窗体，具体窗体内容将在后面任务中学习。详细的窗体创建后的效果如图 6-4 所示。

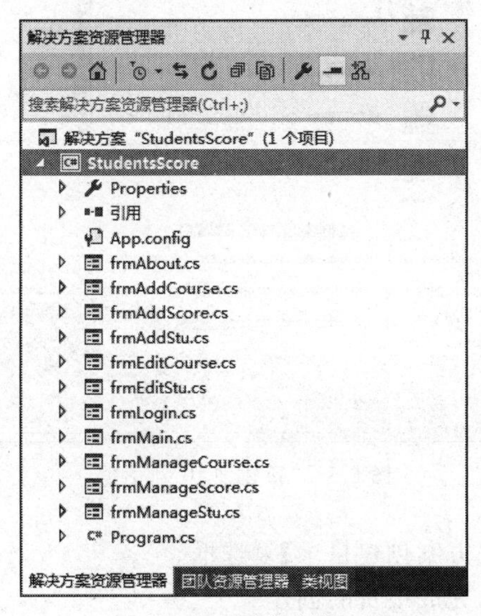

图 6-4　系统窗体

6.2.2　相关知识

使用 Visual Studio(简称 VS)2015 创建的每个项目都有一个启动窗体，默认是创建项目时生成的 Form1 窗体。启动窗体可以通过修改 Program.cs 文件的代码完成。

在"解决方案资源管理器"中，找到 Program.cs，双击，在 VS 环境中打开该文件，找到如下代码。

```
Application.Run(new Form1());
```

将 Form1 改为需要设置为启动窗体的窗体名即可。

6.2.3 任务实施

1. 新建项目

(1) 启动 Visual Studio 2015。

(2) 在【文件】菜单下,选择【新建】→【项目】命令,在弹出的【新建项目】对话框中选择【Windows 窗体应用程序】模板。

(3) 在【新建项目】对话框的【名称】文本框中输入项目名称 StudentsScore,单击【浏览】按钮,进行项目文件保存路径的选择,也可以直接输入项目文件保存的路径,如图 6-5 所示。

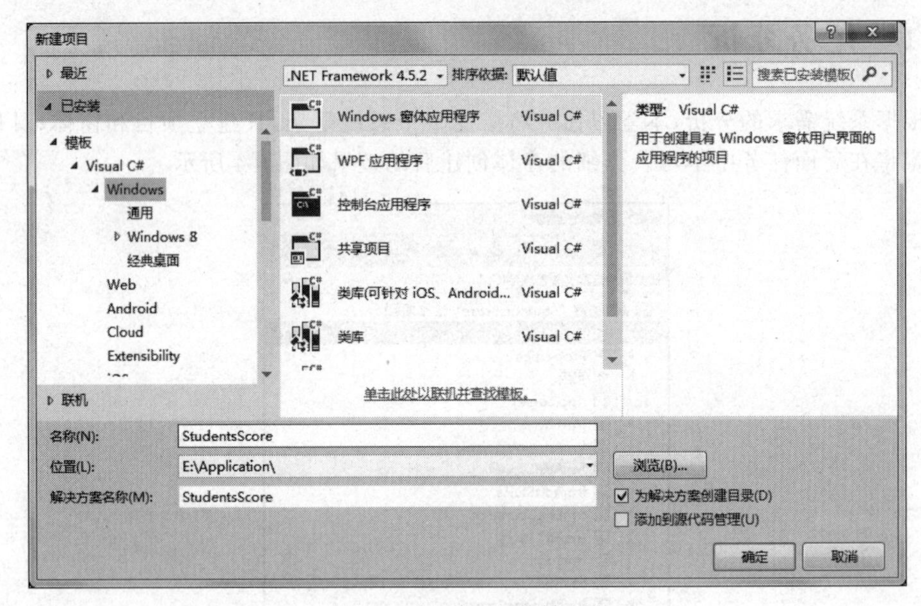

图 6-5 "新建项目"对话框

(4) 默认选中【为解决方案创建目录】复选框。

(5) 单击【确定】按钮,完成项目的创建。

2. 创建窗体

根据对学生成绩管理系统的分析,将创建如表 6-5 所示的窗体。

表 6-5 窗体名称和说明

窗体名称	说明	窗体名称	说明
frmAbout	描述系统说明、版权等信息	frmLogin	登录窗体
frmAddCourse	窗体用于添加课程信息	frmMain	主窗体
frmAddScore	窗体用于添加成绩信息	frmManageCourse	窗体用于管理课程信息
frmAddStu	窗体用于添加学生信息	frmManageScore	窗体用于管理成绩信息
frmEditCourse	窗体用于修改课程信息	frmManageStu	窗体用于管理学生信息
frmEditStu	窗体用于修改学生信息		

本学习任务以建立登录窗体为例，介绍窗体的创建过程。

(1) 添加 Windows 窗体

在【解决方案资源管理器】中选择 StudentsScore 项目，右击，选择【添加】→【Windows 窗体】命令，如图 6-6 所示。

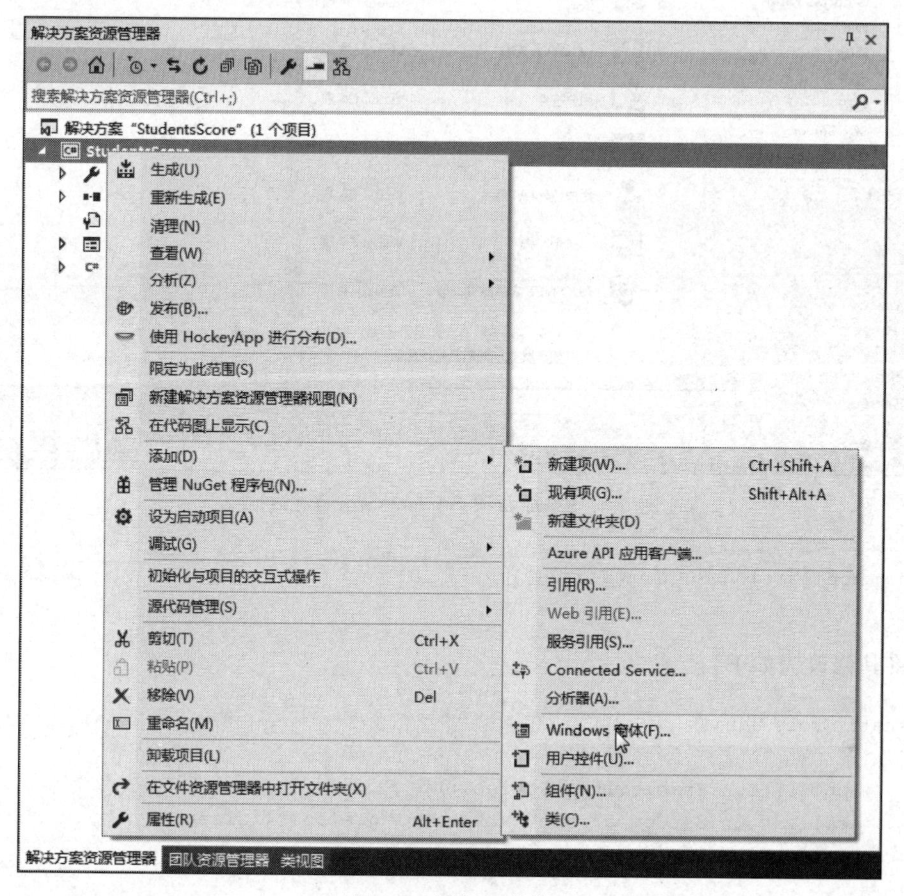

图 6-6　添加新窗体

在【添加新项-StudentsScore】对话框中选择【Windows 窗体】选项，在【名称】文本框中输入 frmLogin.cs，如图 6-7 所示。

(2) 设置启动窗体

新建项目时默认有一个窗体 Form1，可以删除。也可以不创建 frmLogin 窗体，而是将其重命名为 frmLogin。

由于 frmLogin 是本系统启动时显示的第一个窗体，因此需要将其设置为启动窗体。在项目中双击，打开 Program.cs 文件，代码如下：

```
static void Main()
{
    Application.EnableVisualStyles();
    Application.SetCompatibleTextRenderingDefault(false);
```

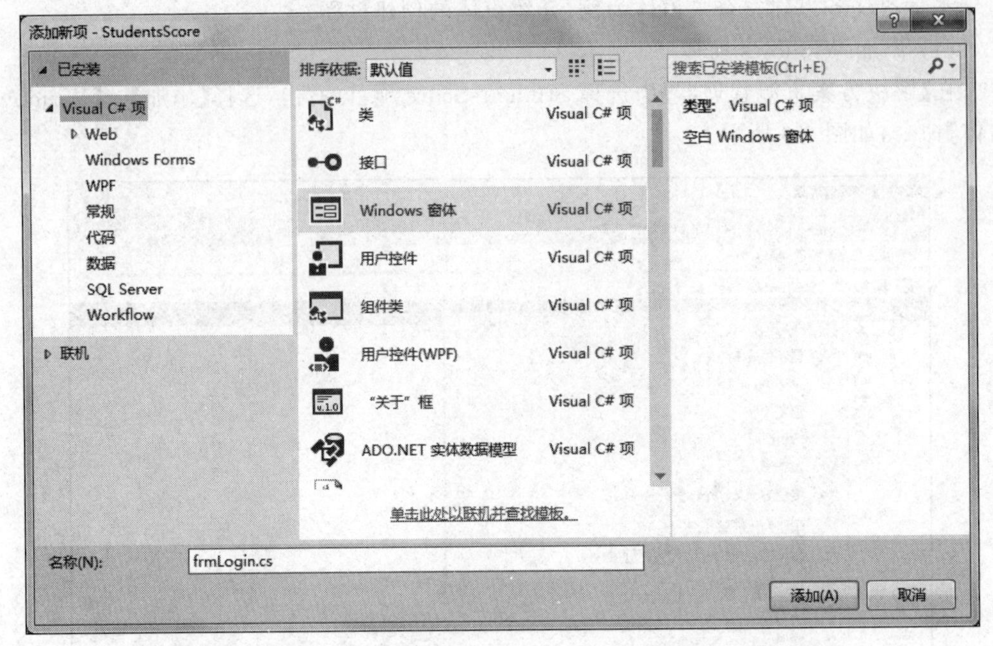

图 6-7 【添加新项-StudentsScore】对话框

```
    Application.Run(new Form1());
}
```

将其修改为如下：

```
static void Main()
{
    Application.EnableVisualStyles();
    Application.SetCompatibleTextRenderingDefault(false);
    Application.Run(new frmLogin());
}
```

采用同样的方法创建其他窗体,但不需要再设置启动窗体了。

3. 建立数据库并存放在项目中

根据对6.1节学习任务的分析,建立Access数据库student,并将数据库放在项目的bin文件夹下的Debug子文件夹中。

6.2.4 任务小结

本学习任务主要完成了系统窗体的创建,涉及的知识点主要有：

(1) 项目创建。

(2) 窗体创建。

(3) 启动项设置。

6.3　学习任务 3　登录模块设计

6.3.1　任务分析

本学习任务需要创建一个登录界面，具体效果如图 6-8 所示。

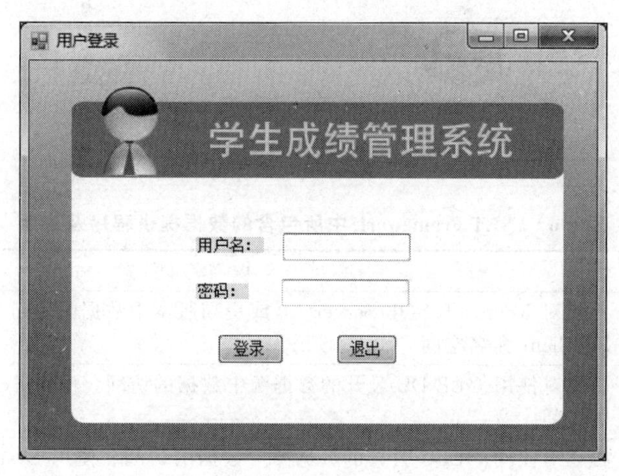

图 6-8　登录界面

6.3.2　相关知识

1. ADO.NET 概述

ADO.NET 提供对诸如 SQL Server 和 XML 这样的数据源以及通过 OLE DB 和 ODBC 公开的数据源的一致访问。共享数据的使用方应用程序可以使用 ADO.NET 连接到这些数据源，并可以检索、处理和更新其中包含的数据。

ADO.NET 通过数据处理将数据访问分解为多个可以单独使用或一前一后使用的不连续组件。ADO.NET 包含用于连接到数据库、执行命令和检索结果的.NET Framework 数据提供程序。这些结果或者被直接处理，放在 ADO.NET DataSet 对象中以便以特别的方式向用户公开，并与来自多个源的数据组合；或者在层之间传递。DataSet 对象也可以独立于.NET Framework 数据提供程序，用于管理应用程序本地的数据或源自 XML 的数据。

ADO.NET 用于访问和操作数据的两个主要组件是.NET Framework 数据提供程序和 DataSet。其架构图如图 6-9 所示。

.NET Framework 数据提供程序用于连接到数据库、执行命令和检索结果。表 6-6 列出了.NET Framework 中所包含的数据提供程序及说明。

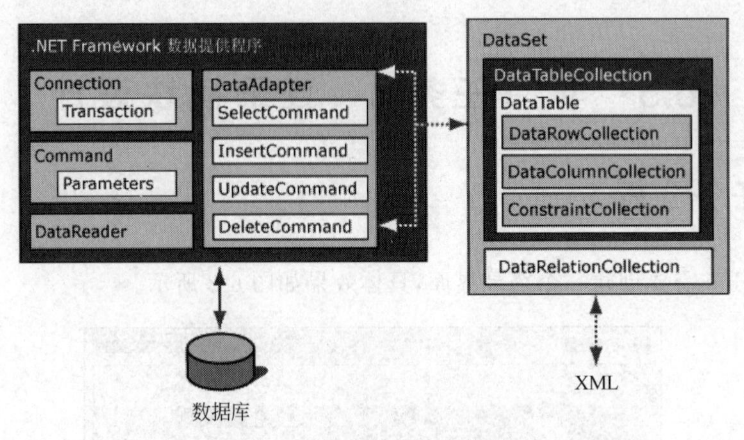

图 6-9 ADO.NET 架构图

表 6-6 .NET Framework 中所包含的数据提供程序及说明

数据提供程序	说 明
SQL Server 的数据提供程序	提供对 Microsoft SQL Server 7.0 或更高版本中数据的访问。使用 System.Data.SqlClient 命名空间
OLE DB 的数据提供程序	提供对使用 OLE DB 公开的数据源中数据的访问。使用 System.Data.OleDb 命名空间
ODBC 的数据提供程序	提供对使用 ODBC 公开的数据源中数据的访问。使用 System.Data.Odbc 命名空间
Oracle 的数据提供程序	适用于 Oracle 数据源。用于 Oracle 的 .NET Framework 数据提供程序支持 Oracle 8.1.7 版客户端软件和更高版本,并使用 System.Data.OracleClient 命名空间
EntityClient 提供程序	提供对实体数据模型(EDM)应用程序的数据访问。使用 System.Data.EntityClient 命名空间

.NET Framework 数据提供程序是专门为数据操作以及快速、只进、只读访问数据而设计的组件,其主要有四个核心对象。表 6-7 列出了组成.NET Framework 数据提供程序的四个核心对象及说明。

表 6-7 .NET Framework 数据提供程序的四个核心对象及说明

核心对象	说 明
Connection	建立与特定数据源的连接。所有 Connection 对象的基类均为 DbConnection 类
Command	对数据源执行命令。公开 Parameters,并可在 Transaction 范围内从 Connection 执行。所有 Command 对象的基类均为 DbCommand 类
DataReader	从数据源中读取只进且只读的数据流。所有 DataReader 对象的基类均为 DbDataReader 类
DataAdapter	使用数据源填充 DataSet 并解决更新。所有 DataAdapter 对象的基类均为 DbDataAdapter 类

ADO.NET DataSet 是专门为独立于任何数据源的数据访问而设计的。因此,它可以用于多种不同的数据源,用于 XML 数据,或用于管理应用程序本地的数据。DataSet

包含一个或多个 DataTable 对象的集合，这些对象由数据行和数据列以及有关 DataTable 对象中数据的主键、外键、约束和关系信息组成。

一般来说，在 ADO.NET 中进行数据库开发的基本步骤。

(1) 创建和数据库连接的 Connection 对象。

(2) 配置 DataAdapter 对象并创建和操作数据集 DataSet。

(3) 将数据库中的表添加到 DataSet 中。

(4) 把数据集 DataSet 绑定到控件上，例如绑定到 DataGridView。利用 DataAdapter 的 Fill()方法把数据填充到 DataSet 中，最终的数据库中的数据显示在用户界面的 DataGridView 中。

2. Connection 对象

Connection 对象用于连接数据库。本章主要讨论连接 SQL Server 数据库使用的 SqlConnection 和连接 OLE DB 数据源使用的 OleDbConnection，其中 OLE DB 数据源主要指 Access 数据库。

表 6-8 和表 6-9 分别列出了两种 Connection 对象的属性和方法及说明。

表 6-8　SqlConnection 属性和方法及说明

属性和方法	说　明
ConnectionString	获取或者设置打开 SQL Server 的连接字符串
ConnectionTimeOut	获取尝试建立连接的等待时间
Database	获取目前连接的数据库名称
DataSource	获取 SQL Server 实例的名称
ServerVersion	获取 SQL Server 实例的版本
State	获取目前 SqlConnection 的连接状态
Open()	打开 SQL Server 数据库连接
Close()	关闭 SQL Server 数据库连接

表 6-9　OleDbConnection 属性和方法及说明

属性和方法	说　明
ConnectionString	获取或者设置打开 SQL Server 的连接字符串
ConnectionTimeOut	获取尝试建立连接的等待时间
Provider	获取 OLE DB 数据提供者名称
Database	获取目前连接的数据库名称
DataSource	获取数据库服务器名称或者文件名称
ServerVersion	获取数据库服务器的版本
State	获取目前 OleDbConnection 的连接状态
Open()	打开 OLE DB 数据库连接
Close()	关闭 OLE DB 数据库连接

SqlConnection 对象连接 SQL Server 示例。

```
string strCon="Data Source=localhost;database=student;uid=sa;pwd=";
SqlConnection sqlCon=new SqlConnection(strCon);
sqlCon.Open();
```

代码分析如下。

Data Source=localhost：用于指定数据库的位置，设置为 localhost 指当前使用的计算机本身。

database=student：用于指定连接的数据库名为 student。

uid=sa;pwd=：用于指定数据库用户名和密码。

SqlConnection sqlCon = new SqlConnection(strCon)：用于连接 SQL Server 数据库。

sqlCon.Open()：用于打开数据库。

OleDbConnection 对象连接 Access 数据库示例。

```
string strCon="Provider=Microsoft.ACE.OLEDB.12.0;Data Source="+Application.
StartupPath.ToString()+"\\student.accdb";
OleDbConnection oledbCon=new OleDbConnection(strCon);
oledbCon.Open();
```

代码分析如下。

Provider=Microsoft.ACE.OLEDB.12.0：用于指定 Access 数据库引擎。

Data Source=+Application.StartupPath.ToString()+"\\student.accdb"：用于指定数据库，其中 Application.StartupPath.ToString()用于指定当前程序运行的路径，一般在文件夹 bin 下面，所以一般把 Access 数据库放在程序所在的 bin 文件夹下面，取相对路径。

注意：Access 2007 与 Access 2010 及 Access 2003 数据库后缀名不一样，根据不同版本如实输入即可。

OleDbConnection oledbCon=new OleDbConnection(strCon)：用于连接 Access 数据库。

oledbCon.Open()：用于打开数据库。

3. Command 对象

使用 Command 对象可以访问用于返回数据、修改数据、运行存储过程以及发送或检索参数信息的数据库命令。

当打开数据库后，如果想执行数据库数据的添加、删除和修改，则可以通过 Command 对象的 ExecuteNonQuery()方法直接执行；如果执行数据库的查询工作，可以通过 DataAdapter 对象的 Fill()方法将查询的数据结果写入 DataSet 中。

表 6-10 和表 6-11 分别列出了两种 Command 对象的主要属性和方法及说明。

表 6-10　SqlCommand 属性和方法及说明

属性和方法	说　明
CommandText	获取或设置要对数据源执行的 Transact-SQL 语句或存储过程
Connection	获取或设置 SqlCommand 实例使用的 SqlConnection
Parameters	获取 SqlParameterCollection
Cancel()	尝试取消 SqlCommand 的执行
ExecuteNonQuery()	完成 Transact-SQL 语句的异步执行
ExecuteReader()	完成 Transact-SQL 语句的异步执行，返回请求的 SqlDataReader
ExecuteScalar()	执行查询，并返回查询所返回的结果集中第一行的第一列。忽略其他列或行
CreateParameter()	创建 SqlParameter 对象的新实例

表 6-11　OleDbCommand 属性和方法及说明

属性和方法	说　明
CommandText	获取或设置要对数据源执行的 SQL 语句或存储过程
Connection	获取或设置 OdbcCommand 的此实例使用的 OdbcConnection
Parameters	获取 OdbcParameterCollection
Cancel()	尝试取消执行 OdbcCommand
ExecuteNonQuery()	针对 Connection 执行 SQL 语句并返回受影响的行数
ExecuteReader()	将 CommandText 发送到 Connection 并生成一个 OdbcDataReader
ExecuteScalar()	执行查询，并返回查询所返回的结果集中第 1 行的第 1 列，忽略其他列或行
CreateParameter()	创建 OdbcParameter 对象的新实例

SqlCommand 对象执行添加、删除、修改命令代码示例。

```
string sql="INSERT INTO tb_student VALUES('09011121','张三','男',20)";
SqlCommand sqlCom=new SqlCommand(sql,sqlCon);
sqlCom.ExecuteNonQuery();
```

代码分析如下。

SqlCommand sqlCom＝new SqlCommand(sql,sqlCon)：本语句将传递两个参数，一个为 sql 即要执行的添加、删除、修改语句；另外一个是用于连接数据库的 SqlConnection 对象 sqlCon，在数据库连接中已经定义。

sqlCom.ExecuteNonQuery()：用于执行 SQL 语句。

OleDbCommand 对象执行添加、删除、修改命令代码示例。

```
string sql="INSERT INTO  tb_student VALUSE('09011121','张三','男',20)";
OleDbCommand oledbCom=new OleDbCommand(sql, oledbCon);
oledbCom.ExecuteNonQuery();
```

代码分析如下。

OleDbCommand oledbCom＝new OleDbCommand(sql, oledbCon)：本语句将传递两个参数，一个为 SQL 即要执行的添加、删除、修改语句；另外一个是用于连接数据库的

OleDbConnection 对象 oledbCon,在数据库连接中已经定义。

oledbCom.ExecuteNonQuery():用于执行 SQL 语句。

Command 对象执行查询语句的示例因为要结合 DataAdapter 对象。

4. DataAdapter 对象和 DataSet

DataAdapter 是 DataSet 和数据源之间的桥接器,用于检索和保存数据。DataAdapter 通过对数据源使用适当的 Transact-SQL 语句映射 Fill()和 Update()来提供这一桥接。

当 DataAdapter 填充 DataSet 时,它为返回的数据创建必需的表和列。

表 6-12 列出了 SqlDataAdapter 的主要属性和方法及说明。OleDbDataAdapter 的主要属性和方法和 SqlDataAdapter 一样。

表 6-12 SqlDataAdapter 的主要属性和方法及说明

属性和方法	说　明
SelectCommand	获取或设置一个 Transact-SQL 语句或存储过程,用于在数据源中选择记录
InsertCommand	获取或设置一个 Transact-SQL 语句或存储过程,以在数据源中插入新记录
DeleteCommand	获取或设置一个 Transact-SQL 语句或存储过程,以从数据集中删除记录
UpdateCommand	获取或设置一个 Transact-SQL 语句或存储过程,用于更新数据源中的记录
Fill()	填充 DataSet 或 DataTable(从 DbDataAdapter 继承)
Update()	为 DataSet 中每个已插入、已更新或已删除的行调用相应的 INSERT、UPDATE 或 DELETE 语句(从 DbDataAdapter 继承)

ADO.NET DataSet 是数据的一种内存驻留表示形式,无论它包含的数据来自什么数据源,都会提供一致的关系编程模型。DataSet 表示整个数据集,其中包含对数据进行包含、排序和约束的表以及表间的关系。

使用 DataSet 的方法有若干种,这些方法可以单独应用,也可以结合应用。

(1) 以编程方式在 DataSet 中创建 DataTable、DataRelation 和 Constraint,并使用数据填充表。

(2) 通过 DataAdapter 用现有关系数据源中的数据表填充 DataSet。

(3) 使用 XML 加载和保持 DataSet 内容。

表 6-13 列出了 DataSet 的主要属性和方法及说明。

表 6-13 DataSet 的主要属性和方法及说明

属性和方法	说　明
DataSetName	获取或设置当前 DataSet 的名称
Relations	获取用于将表链接起来并允许从父表浏览到子表的关系的集合
Tables	获取包含在 DataSet 中的表的集合
AcceptChanges()	提交自加载此 DataSet 或上次调用 AcceptChanges 后对其进行的所有更改
Clear()	通过移除所有表中的所有行来清除任何数据的 DataSet
Copy()	复制该 DataSet 的结构和数据

① SqlDataAdapter 和 DataSet 配合使用的示例。

```
SqlDataAdapter da=new SqlDataAdapter(sqlCom);
DataSet ds=new DataSet();
da.Fill(ds);
```

代码分析如下。

SqlDataAdapter da＝new SqlDataAdapter(sqlCom)：用于执行 SQL 查询，其中 sqlCom 在讲解 Command 对象的示例中已经定义。

DataSet ds＝new DataSet()：用于定义一个 DataSet。

da.Fill(ds)：用于将查询结果填入 DataSet 中。

② OleDbDataAdapter 和 DataSet 配合使用的示例。

```
OleDbDataAdapter oledbDa=new OleDbDataAdapter(oledbCom);
DataSet ds=new DataSet();
oledbDa.Fill(ds);
```

代码分析如下。

OleDbDataAdapter oledbDa＝new OleDbDataAdapter(oledbCom)：用于执行 SQL 查询，其中 sqlCom 在讲解 Command 对象的示例中已经定义。

DataSet ds＝new DataSet()：用于定义一个 DataSet。

oledbDa.Fill(ds)：用于将查询结果填入 DataSet 中。

当数据都写入 DataSet 时，这时就可以把 DataSet 看作一个临时数据库，其存放在内存中，可以通过 Tables 属性取出数据，例如：

```
DataTable dt1=ds.Tables[0];       //取出 ds 中的第一张表,将内容送到新定义的表 dt1 中
DataTable dt2=ds.Tables["学生"];  //取出 ds 中的学生表,将内容送到新定义的表 dt2 中
```

5. DataReader 对象

DataReader 对象可从数据源提供高性能的数据流，其从数据源中获取只读和只进数据，在任何时候都只在内存中保存一行数据，减少了内存开销，提高了应用程序的性能。

若要创建 OleDbDataReader，必须调用 OleDbCommand 对象的 ExecuteReader()方法，而不能直接使用构造函数。

在使用 DataReader 时，关联的 Connection 正忙于为 DataReader 服务，对 Connection 无法执行任何其他操作，只能将其关闭。除非调用 DataReader 的 Close()方法，否则会一直处于此状态。例如，在调用 Close()方法之前，无法检索输出参数。

DataReader 的用户可能会看到在读取数据时另一进程或线程对结果集所做的更改，但是确切的行为与执行时间有关。

当 DataReader 关闭后，只能调用 IsClosed 和 RecordsAffected 属性。尽管当 DataReader 存在时可以访问 RecordsAffected 属性，但是，在返回 RecordsAffected 的值之前始终要调用 Close()方法，以确保返回精确的值。

下面的示例可以创建一个 OleDbConnection、一个 OleDbCommand 和一个 OleDbDataReader。该示例读取学号字段，并将这些数据写到一个 comboBox 中。最后，

该示例先关闭 OleDbDataReader,然后关闭 OleDbConnection。

```
using System;
using System.Collections.Generic;
using System.Linq;
using System.ComponentModel;
using System.Data;
using System.Data.OleDb;
using System.Drawing;
using System.Text;
using System.Windows.Forms;

namespace StudentsScore
{
    public partial class Form1 : Form
    {
        public Form1()
        {
            InitializeComponent();
        }

        private void Form1_Load(object sender, EventArgs e)
        {
            string strCon="Provider=Microsoft.ACE.OLEDB.12.0;Data Source=
            "+Application.StartupPath.ToString()+"\\student.accdb";
            OleDbConnection oledbCon=new OleDbConnection(strCon);
            oledbCon.Open();
            string sql="select Sid from Studentinfo";
            OleDbCommand oledbCom=new OleDbCommand(sql, oledbCon);
            OleDbDataReader oledbDr=oledbCom.ExecuteReader();
            while(oledbDr.Read())
            {
                cboSid.Items.Add(oledbDr[0]);          //装载学号值
            }
            oledbDr.Close();
            oledbCon.Close();
        }
    }
}
```

6.3.3 任务实施

1. 建立公共类 DataAccess

在开发项目中以类的形式来组织、封装一些常用的方法和事件,不仅可以提高代码的重用率,还可以方便代码的管理,节省开发的时间。本系统中创建了一个类 DataAccess,用于对 Access 数据库的连接以及相应的数据操作。

在【解决方案资源管理器】中选择 StudentsScore 项目,右击,在弹出的快捷菜单中,选择【添加】→【类】命令,如图 6-10 所示。

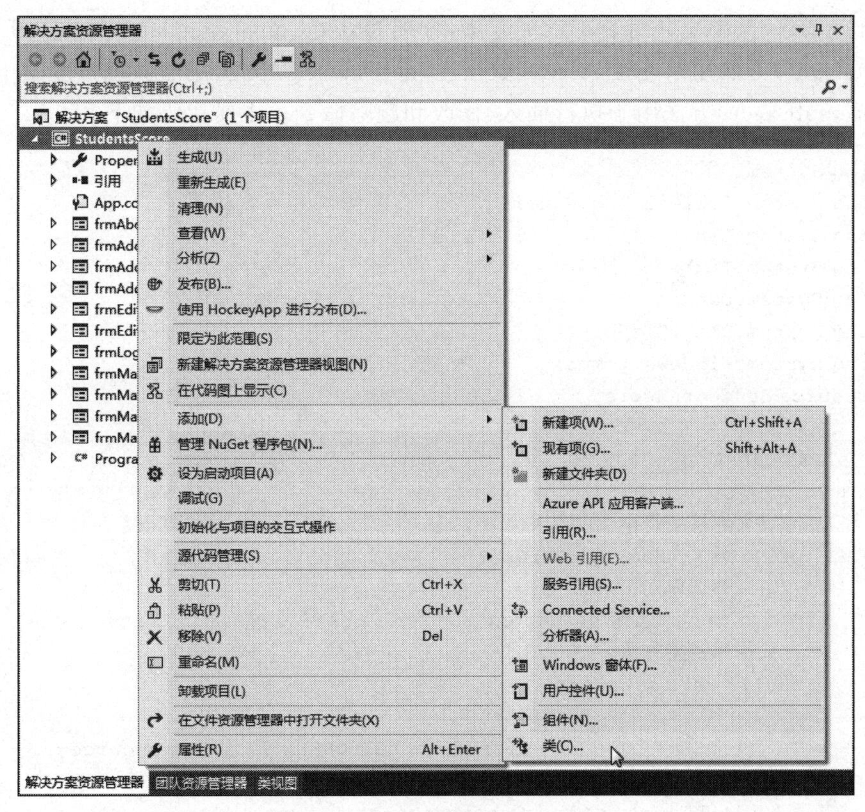

图 6-10　添加类

在【添加新项-StudentsSore】对话框中选择【类】选项，在【名称】文本框中输入 DataAccess.cs，如图 6-11 所示。

图 6-11　【添加新项-StudentsScore】对话框

DataAccess类中总共封装了三个方法,分别为dataCon()、getDataset()、sqlExec()。其中dataCon()方法用来连接Access数据库,getDataset()方法用于获取一个dataset类型返回值,sqlExec()方法用于执行插入、修改和删除命令。主要代码如下:

```
using System;
using System.Collections.Generic;
using System.Linq;
using System.Text;
using System.Data;
using System.Data.OleDb;
using System.Windows.Forms;
namespace StudentsScore
{
    class DataAccess
    {
        //定义连接字符串
        private string strDSN;
        //定义数据库连接对象
        OleDbConnection oledbCon;
        //数据库连接方法
        public void dataCon()
        {
            strDSN="Provider=Microsoft.ACE.OLEDB.12.0;Data Source=
            "+Application.StartupPath.ToString()+"\\student.accdb";
            oledbCon=new OleDbConnection(strDSN);
        }
        //获取DataSet
        public DataSet getDataset(string sql)
        {
            DataSet ds=new DataSet();
            oledbCon.Open();
            try
            {
                OleDbCommand oledbCom=new OleDbCommand(sql, oledbCon);
                OleDbDataAdapter oledbDa=new OleDbDataAdapter(oledbCom);
                oledbDa.Fill(ds);
                return ds;
            }
            catch(Exception ex)
            {
                throw new Exception(ex.ToString());
            }
            finally
            {
                oledbCon.Close();
            }
        }

        //执行SQL语句
```

```
        public bool sqlExec(string sql)
        {
            try
            {
                oledbCon.Open();
            }
            catch
            {
                MessageBox.Show("数据库未连接");
            }
            try
            {
                OleDbCommand oledbCom=new OleDbCommand(sql, oledbCon);
                oledbCom.ExecuteNonQuery();
                return true;
            }
            catch(Exception ex)
            {
                MessageBox.Show(ex.Message,"提示");
                return false;
            }
            finally
            {
                oledbCon.Close();
            }
        }

    }
}
```

代码关键点分析如下。

(1) 为了连接 Access 数据库，首先必须引入数据库命名空间，所以在类的最上面引入两句代码。

```
using System.Data;
using System.Data.OleDb;
```

(2) 数据库连接对象在 DataAccess 类中的三个方法都要用到，因此将其定义在三个方法的外面。

```
OleDbConnection oledbCon;
```

(3) dataCon()方法只是用于连接 Access 数据库，没有任何返回值，因此设置其返回值为空，代码如下：

```
public void dataCon()
```

(4) getDataset()方法用于获取 DataSet，所以其有返回值类型为 DataSet，代码如下：

```
public DataSet getDataset(string sql)
```

在代码的最后一点要返回一个 DataSet,代码如下:

```
return ds;
```

(5) sqlExec()方法用于执行数据库的数据操作,关注的是执行是否成功,所以设置其返回类型为布尔型。代码如下:

```
public bool sqlExec(string sql)
```

当执行成功时返回为 true,当有异常出现时返回为 false。

拓展:建立一个 DataSQLServer 类,用于连接 SQL Server 数据库并操作相应的数据。

2. 添加图片文件夹

为了存放项目所用的图片,可以在项目中添加一个文件夹 pic,用于存放图片,如图 6-12 所示,然后将文件命名为 pic 即可。将登录界面用到的 login.jpg 图片放在该文件夹中。

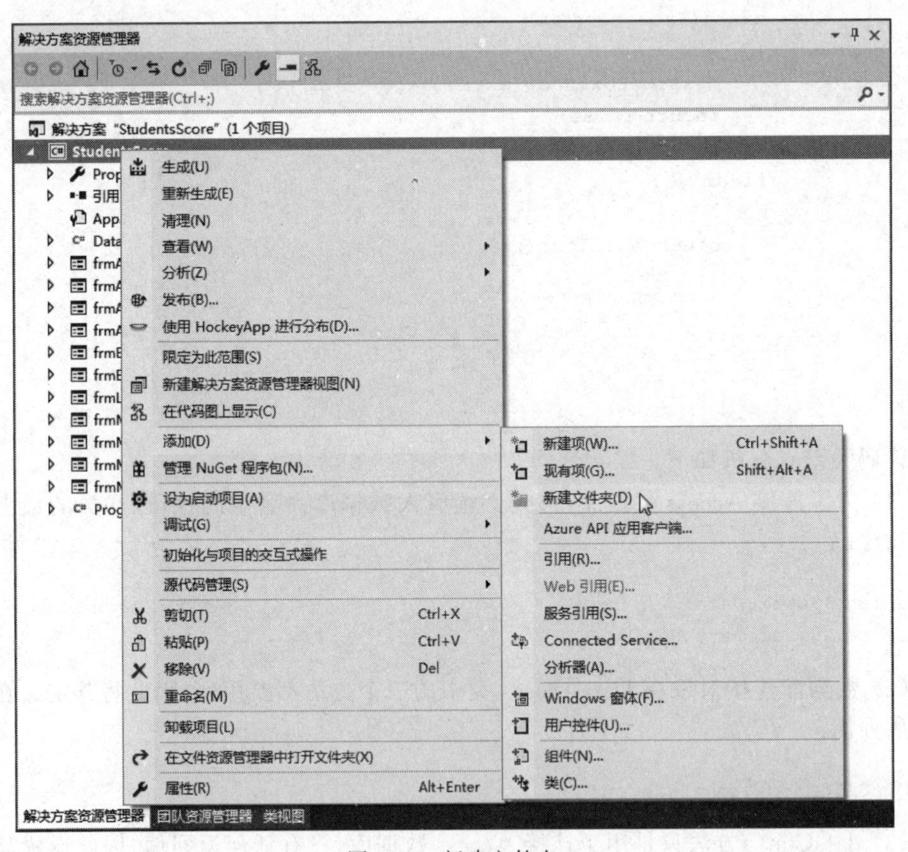

图 6-12 新建文件夹

3. 编辑登录窗体

在 frmLogin 窗体上添加标签、文本框及按钮,并对窗体属性进行修改,最终效果如图 6-13 所示。

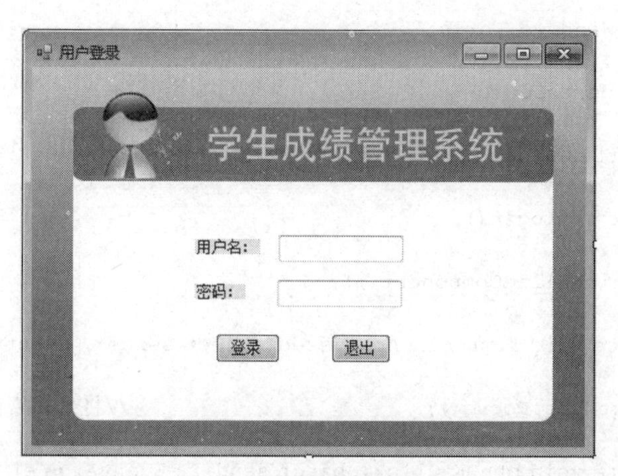

图 6-13　登录窗体

具体窗体和控件属性设置如表 6-14 所示。

表 6-14　登录窗体控件属性和属性值

控件名称	属　　性	属　性　值
Label1	Name	lblName
	Text	用户名：
Label2	Name	lblPwd
	Text	密 码：
textBox1	Name	txtName
textBox2	Name	txtPwd
	PasswordChar	*
button1	Name	btnOK
	Text	登录
button2	Name	btnExit
	Text	退出
Form1	Text	用户登录
	Size	460,330
	BackgroundImage	StudentsScore.Properties.Resources.login
	StartPosition	CenterScreen

登录窗体相关代码如下：

```
using System;
using System.Collections.Generic;
using System.ComponentModel;
using System.Data;
using System.Drawing;
using System.Linq;
using System.Text;
```

```
using System.Windows.Forms;

namespace StudentsScore
{
    public partial class frmLogin : Form
    {
        public frmLogin()
        {
            InitializeComponent();
        }
        private void frmLogin_Activated(object sender, EventArgs e)
        {
            txtName.Focus();                        //将光标放在用户名文本框上
        }
        private void btnOK_Click(object sender, EventArgs e)
        {
            string username, password;
            string strSql="";
            DataSet ds;
            //判断文本框是否为空
            if(txtName.Text.Trim()!="" && txtPwd.Text.Trim()!="")
            {
                username=txtName.Text.Trim();
                password=txtPwd.Text.Trim();
                strSql="select * from Userinfo where Userid='"+username+"' and
                Userpwd='"+password+"'";
                DataAccess data=new DataAccess();  //实例化类
                data.dataCon();                     //连接数据库
                ds=data.getDataset(strSql);         //执行查询语句,获取 Dataset
                //判断登录是否成功
                if(ds.Tables[0].Rows.Count==1)
                {
                    frmMain fMain=new frmMain();
                    fMain.Show();
                    this.Hide();
                }
                else
                {
                    MessageBox.Show("用户名或密码错误!","登录失败");
                }
            }
            else
            {
                MessageBox.Show("用户名或密码为空,请输入信息","提示");
            }
        }
        private void btnExit_Click(object sender, EventArgs e)
        {
            Application.Exit();
        }
    }
}
```

代码关键点分析如下。

(1) 首先必须引入数据库命名空间，所以在类的最上面引入代码。

```
using System.Data;
```

(2) 为了启动登录窗体时，光标放在用户名文本框上，需要触发窗体的 Activated 事件，而不是 Load 事件。代码如下：

```
private void frmLogin_Activated(object sender, EventArgs e)
{
    txtName.Focus();                                        //将光标放在用户名文本框上
}
```

(3) 在进行登录验证时，一定要先进行文本框是否为空的判断，使用 Trim()方法，用于删除文本框中的空格。代码如下：

```
if(txtName.Text.Trim()!="" && txtPwd.Text.Trim()!="")
```

(4) 当用户名和密码都正确时，DataSet 数据表中的行数应该只有一行。代码如下：

```
ds.Tables[0].Rows.Count==1
```

拓展：

(1) 利用 DataReader 完成登录程序。

(2) 编写一个连接 SQL Server 数据库的登录程序。

6.3.4　任务小结

本学习任务主要完成了公共类 DataAccess 的设计以及登录窗体的设计，涉及的知识点主要如下。

(1) ADO.NET 框架。

(2) Connection 对象。

(3) Command 对象。

(4) DataAdapter 对象。

(5) DataSet 对象。

(6) DataReader 对象。

6.4　学习任务 4　主界面设计

6.4.1　任务分析

本学习任务需要完成项目主界面的设计，主要是为主界面添加菜单、工具栏和状态栏，具体效果如图 6-14 所示。

图 6-14　主界面

6.4.2　相关知识

1. MDI 界面设计

多文档界面(MDI)应用程序能同时显示多个文档,每个文档显示在各自的窗口中。MDI 应用程序中常有包含子菜单的"窗口"菜单项,用于在窗口或文档之间进行切换。运行时,子窗体显示在父窗体工作空间之内,一般父窗体内不包含控件。

建立 MDI 主窗体的步骤如下。

(1) 建立一个应用程序项目。

(2) 将 Form1 窗体的 IsMdiContainer 属性设置为 True,如图 6-15 所示。

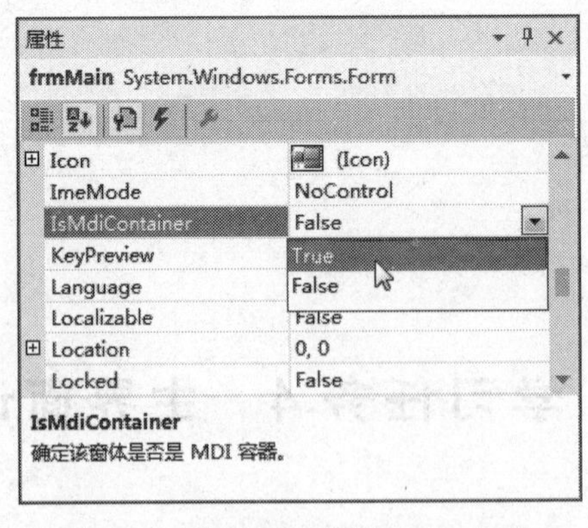

图 6-15　设置 IsMdiContainer 属性

要设计一个主窗体,还有其他一些属性要设置,表 6-15 列出了包括 IsMdiContainer 属性在内的主要属性。

表 6-15　窗体属性及说明

属　　性	说　　明
Text	窗体标题栏中的文字
IsMdiContainer	设置为 MDI 窗体，设置为 True
Size	设置窗体大小，例如“1024,768”
BackgroundImage	背景图片
StartPosition	窗体启动时在屏幕中间，值为 CenterScreen
WindowState	设置主窗体初始最大化，值为 Maximized

2. 菜单设计

菜单用于显示一系列命令，其中一部分命令旁带有图像，以便用户可以快速将命令与图像内容联系在一起。大多数菜单都位于菜单栏中，即屏幕顶部的工具栏中。

Visual Studio.NET 2015 提供了两种菜单控件：主菜单（MenuStrip）和上下文菜单（ContextMenuStrip），可以使用集成开发环境来创建菜单，也可以通过编码来创建菜单。

为 Windows 应用程序设计菜单的步骤如下。

（1）添加菜单

在工具箱中的【菜单和工具栏】中把 MenuStrip 控件拖到窗体中，在“请在此处键入”处输入文字，建立主菜单。如输入“文件”，最后的效果如图 6-16 所示。

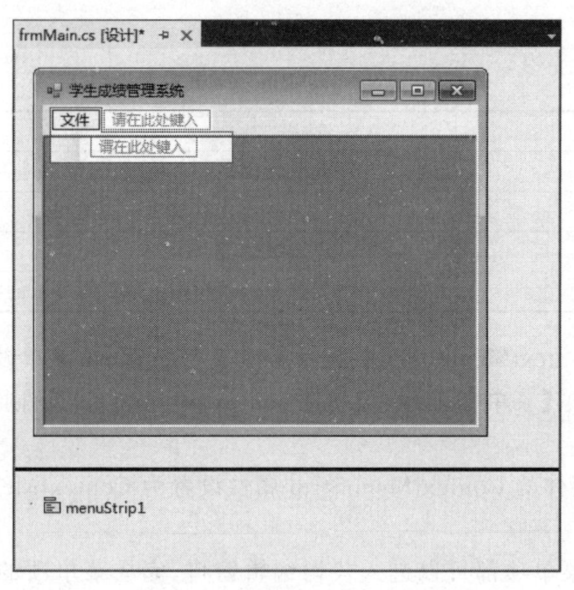

图 6-16　添加 MenuStrip 控件

（2）添加子菜单

可以为主菜单添加子菜单，单击主菜单“文件”下方的“请在此处键入”，即可建立“文件”的子菜单，如图 6-17 所示。如果单击主菜单“文件”右边的“请在此处键入”，则建立一个和“文件”主菜单类似的另一个主菜单。

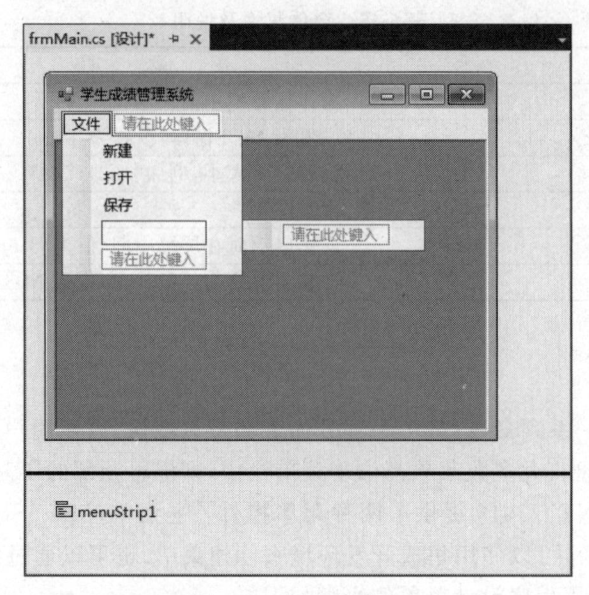

图 6-17　添加子菜单

(3) 设置菜单

可以单击任何一个菜单项来设置它的属性,表 6-16 列出了菜单项的主要属性及说明。

表 6-16　ToolStripMenuItem 属性及说明

属　性	说　明
Checked	获取或设置一个值,该值指示是否选中
Image	设置显示在菜单项左边的图标
ShortcutKeys	设置快捷键
ToolTipText	设置光标移动到菜单项时显示的提示信息

上下文菜单(ContextMenuStrip)的设计类似于 MenuStrip 菜单设计。

① 在工具箱中的【菜单和工具栏】中把 contextMenuStrip 控件拖到窗体中,输入文字,如图 6-18 所示。

② 将 Form1 窗体的 ContextMenuStrip 属性设置为 ContextMenuStrip1,如图 6-19 所示。

双击任意一个菜单项都可以进入代码编辑窗口,完成菜单项的 Click 事件代码的编写。

3. 工具栏设计

工具栏提供了应用程序中最常用菜单命令的快速访问方式,它一般由多个按钮组成,每个按钮对应菜单中的某一个菜单项,运行时,单击工具栏中的按钮就可以快速执行对应的操作。

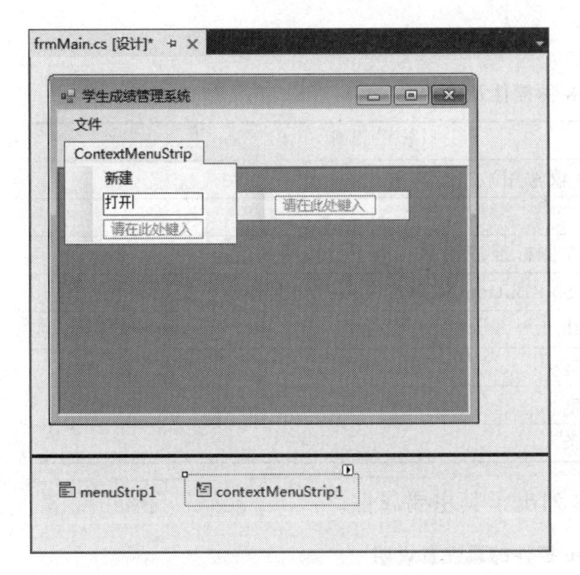

图 6-18　设置 ContextMenuStrip 控件

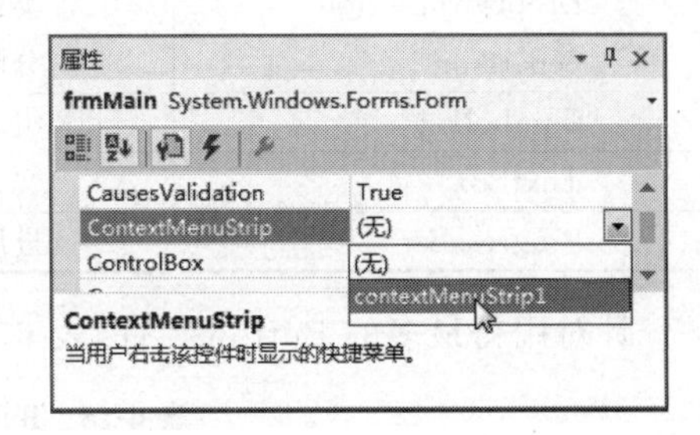

图 6-19　设置窗体 ContextMenuStrip 属性

工具栏的设计一般步骤如下。

(1) 添加工具栏

在工具箱中的【菜单和工具栏】中把 ToolStrip 控件拖到窗体中。

提示：如果已经添加了 ContextMenuStrip 菜单，则工具栏将在菜单栏上面出现。建议先添加工具栏，再添加上下文菜单。

(2) 添加项

单击 ToolStrip 控件向下箭头的小图标，添加一个控件，如图 6-20 所示，一般有 8 种控件。

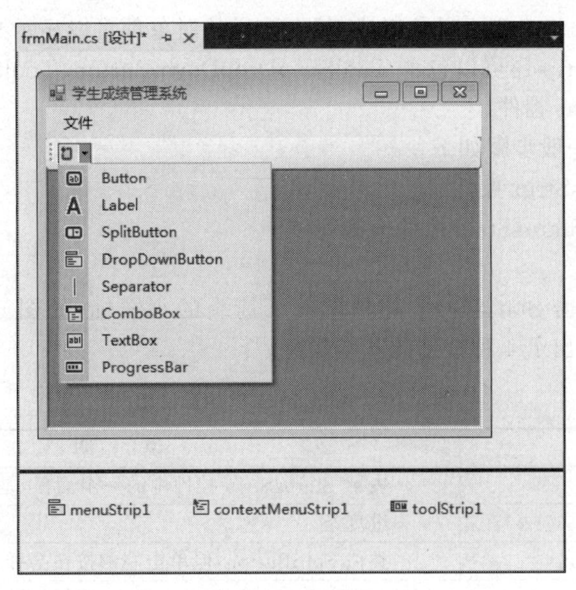

图 6-20　工具栏设置

8种控件的说明如表6-17所示。

表6-17 8种控件及说明

控 件	说 明
Button	按钮(较常用)
Label	标签
SplitButton	一个左侧标准按钮和右侧下拉按钮的组合
DropDownButton	类似SplitButton,但单击左侧按钮会弹出下拉列表
Separator	分隔线
ComboBox	组合框
TextBox	文本框
ProgressBar	进度条

针对用得最多的Button控件,表6-18列出了其主要属性。

表6-18 Button控件的属性及说明

属 性	说 明
Image	设置显示在按钮上面的图标
Text	设置在按钮上面显示的文本
ToolTipText	设置光标移动到按钮上时显示的提示信息

类似菜单项,双击任意一个工具栏控件都能进入代码编辑窗口。

4. 状态栏设计

状态栏给应用程序提供了一个位置,使其可以在不打断用户工作的情况下为用户显示消息和有用信息,状态栏通常显示在窗口底部。

Visual Studio.NET 2015提供了StatusStrip控件来设置状态栏。通常StatusStrip控件由ToolStripStatusLabel对象组成,每个这样的对象都可以显示文本、图标或同时显示这两者。StatusStrip还可以包含ToolStripDropDownButton、ToolStripSplitButton和ToolStripProgressBar控件。

状态栏设计的一般步骤如下。

(1) 添加StatusStrip控件

在工具箱中把StatusStrip控件拖到窗体中。

(2) 添加项

类似工具栏,单击StatusStrip控件的向下箭头的小图标,如图6-21所示。一般有4种控件,表6-19列出了4种控件的基本信息。

表6-19 StatusStrip控件及说明

控 件	说 明
StatusLabel	表示StatusStrip控件中的一个面板,是较常用的一种
ProgressBar	进度条
DropDownButton	类似SplitButton,但单击左侧按钮会弹出下拉列表
SplitButton	一个左侧标准按钮和右侧下拉按钮的组合

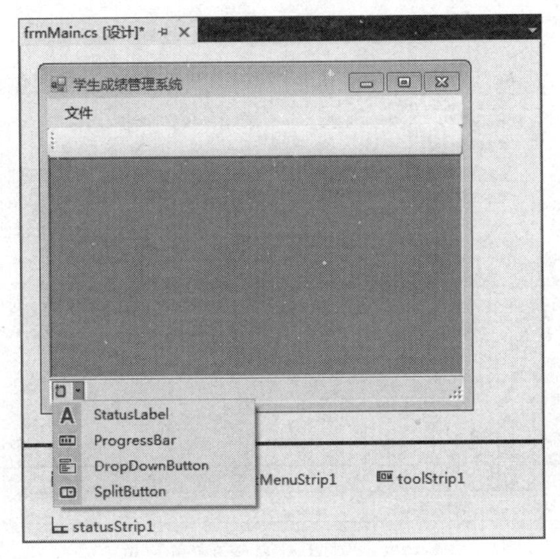

图 6-21　状态栏设置

最常用的是 StatusLabel 控件，一般设置其 Text 属性，用于显示相关信息。

6.4.3　任务实施

1. 添加主窗体控件

在窗体上添加状态栏 statusStrip1、工具栏 toolStrip1、菜单 menuStrip1，如图 6-22 所示。

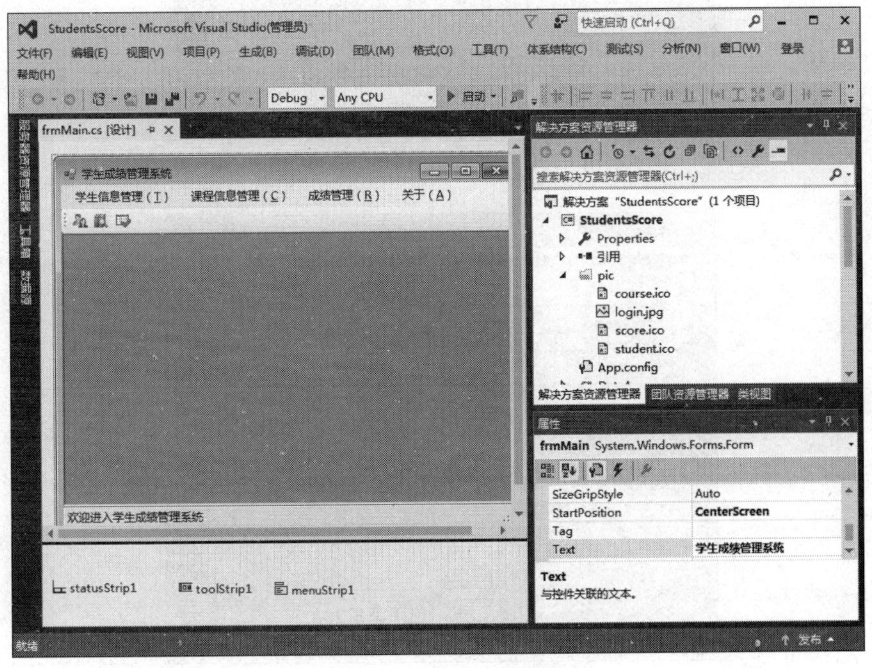

图 6-22　建立主界面

四个菜单子项的设计分别如图 6-23～图 6-26 所示。

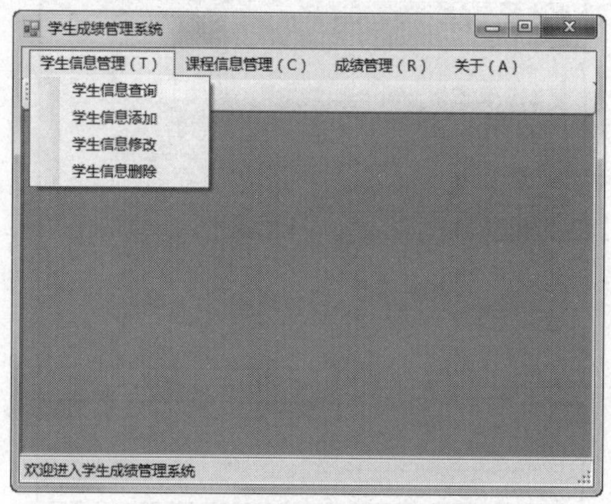

图 6-23 “学生信息管理”子菜单

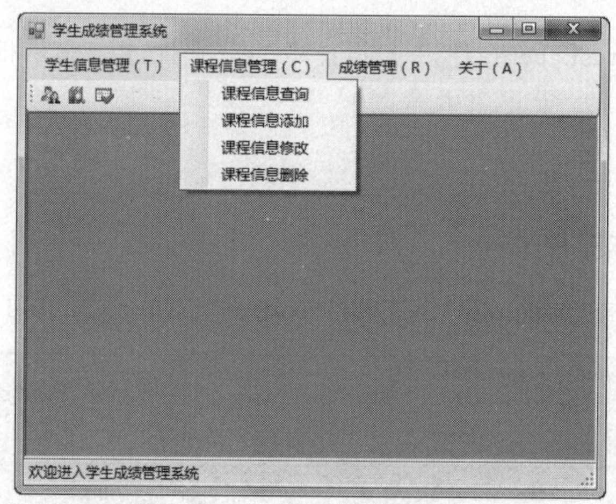

图 6-24 “课程信息管理”子菜单

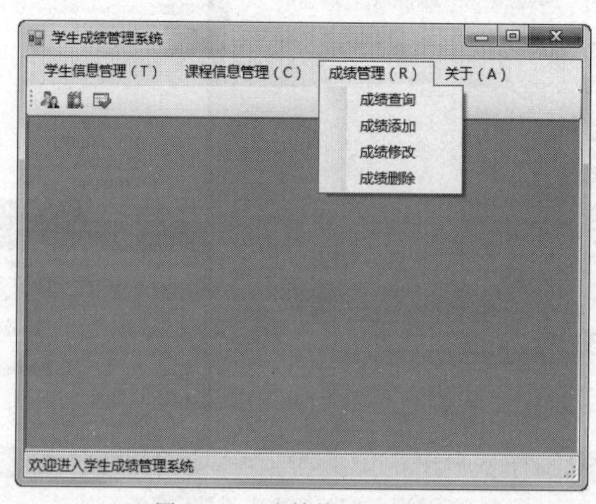

图 6-25 “成绩管理”子菜单

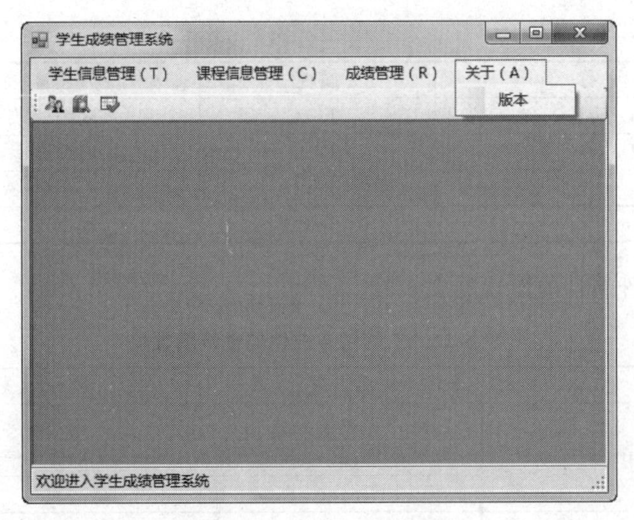

图6-26　“关于”子菜单

窗体各控件属性的设置见表6-20。

表6-20　窗体各控件属性、属性值及说明

属　　性	属　性　值	说　　明
Text	学生成绩管理系统	窗体标题栏中的文字
IsMdiContain	True	设置为MDI窗体
Size	1024,768	窗体大小
BackgroundImage	StudentsScore.Properties.Resources.main	背景图片
StartPosition	CenterScreen	窗体启动时在屏幕中间
WindowState	Maximized	设置主窗体初始最大化

菜单各控件属性的设置见表6-21。

表6-21　菜单各控件属性及属性值

控 件 名 称	属性	属　性　值
tsmiStudent	Text	学生信息管理(&T)
tsmiStudentSearch	Text	学生信息查询
tsmiStudentAdd	Text	学生信息添加
tsmiStudentUpdate	Text	学生信息修改
tsmiStudentDelete	Text	学生信息删除
tsmiCourse	Text	课程信息管理(&C)
tsmiCourseSearch	Text	课程信息查询
tsmiCourseAdd	Text	课程信息添加
tsmiCourseUpdate	Text	课程信息修改
tsmiCourseDelete	Text	课程信息删除
tsmiScore	Text	成绩管理(&R)
tsmiScoreSearch	Text	成绩查询
tsmiScoreAdd	Text	成绩添加

续表

控件名称	属性	属性值
tsmiScoreUpdate	Text	成绩修改
tsmiScoreDelete	Text	成绩删除
tsmiAbout	Text	关于(&A)
tsmiVersion	Text	版本

工具栏各控件属性的设置见表6-22。

表6-22 工具栏各控件属性及属性值

控件名称	属性	属性值
toolStripButton1	Name	tsbtnStudent
	Text	学生信息查询
	Image	
toolStripButton2	Name	tsbtnCourse
	Text	课程信息查询
	Image	
toolStripButton3	Name	tsbtnScore
	Text	成绩查询
	Image	

状态栏各控件属性的设置见表6-23。

表6-23 状态栏各控件属性及属性值

控件名称	属性	属性值
toolStripStatusLabel1	Name	tsslblInfo
	Text	欢迎进入学生成绩管理系统

2. 主界面代码编写

```
using System;
using System.Collections.Generic;
using System.ComponentModel;
using System.Data;
using System.Drawing;
using System.Linq;
using System.Text;
using System.Windows.Forms;

namespace StudentsScore
{
    public partial class frmMain : Form
    {
        public frmMain()
        {
            InitializeComponent();
```

```
}
//关闭主界面时
private void frmMain_FormClosing(object sender, FormClosingEventArgs e)
{
    Application.Exit();
}
//单击"学生信息添加"菜单选项时
private void tsmiStudentAdd_Click(object sender, EventArgs e)
{
    frmAddStu AddStu=new frmAddStu();
    AddStu.MdiParent=this;
    AddStu.Show();
}
//单击"学生信息修改"菜单选项时
private void tsmiStudentUpdate_Click(object sender, EventArgs e)
{
    frmManageStu ManageStu=new frmManageStu();
    ManageStu.MdiParent=this;
    ManageStu.Show();
}
//单击"学生信息查询"菜单选项时
private void tsmiStudentSearch_Click(object sender, EventArgs e)
{
    frmManageStu  ManageStu=new frmManageStu();
    ManageStu.MdiParent=this;
    ManageStu.Show();
}
//单击"学生信息删除"菜单选项时
private void tsmiStudentDelete_Click(object sender, EventArgs e)
{
    frmManageStu ManageStu=new frmManageStu();
    ManageStu.MdiParent=this;
    ManageStu.Show();
}
//单击"课程信息查询"菜单选项时
private void tsmiCourseSearch_Click(object sender, EventArgs e)
{
    frmManageCourse ManageCourse=new frmManageCourse();
    ManageCourse.MdiParent=this;
    ManageCourse.Show();
}
//单击"课程信息添加"菜单选项时
private void tsmiCourseAdd_Click(object sender, EventArgs e)
{
    frmAddCourse AddCourse=new frmAddCourse();
    AddCourse.MdiParent=this;
    AddCourse.Show();
}
//单击"课程信息修改"菜单选项时
```

```
private void tsmiCourseUpdate_Click(object sender, EventArgs e)
{
    frmManageCourse ManageCourse=new frmManageCourse();
    ManageCourse.MdiParent=this;
    ManageCourse.Show();
}
//单击"课程信息删除"菜单选项时
private void tsmiCourseDelete_Click(object sender, EventArgs e)
{
    frmManageCourse ManageCourse=new frmManageCourse();
    ManageCourse.MdiParent=this;
    ManageCourse.Show();
}
//单击"成绩查询"菜单选项时
private void tsmiScoreSearch_Click(object sender, EventArgs e)
{
    frmManageScore ManageScore=new frmManageScore();
    ManageScore.MdiParent=this;
    ManageScore.Show();
}
//单击"成绩添加"菜单选项时
private void tsmiScoreAdd_Click(object sender, EventArgs e)
{
    frmAddScore AddScore=new frmAddScore();
    AddScore.MdiParent=this;
    AddScore.Show();
}
//单击"成绩修改"菜单选项时
private void tsmiScoreUpdate_Click(object sender, EventArgs e)
{
    frmManageScore ManageScore=new frmManageScore();
    ManageScore.MdiParent=this;
    ManageScore.Show();
}
//单击"成绩删除"菜单选项时
private void tsmiScoreDelete_Click(object sender, EventArgs e)
{
    frmManageScore ManageScore=new frmManageScore();
    ManageScore.MdiParent=this;
    ManageScore.Show();
}
//单击"版本"菜单选项时
private void tsmiVersion_Click(object sender, EventArgs e)
{
    frmAbout About=new frmAbout();
    About.MdiParent=this;
    About.Show();
}
//单击工具栏中的"学生信息查询"按钮时
```

```
        private void tsbtnStudent_Click(object sender, EventArgs e)
        {
            frmManageStu ManageStu=new frmManageStu();
            ManageStu.MdiParent=this;
            ManageStu.Show();
        }
        //单击工具栏中的"课程信息查询"按钮时
        private void tsbtnCourse_Click(object sender, EventArgs e)
        {
            frmManageCourse ManageCourse=new frmManageCourse();
            ManageCourse.MdiParent=this;
            ManageCourse.Show();
        }
        //单击工具栏中的"成绩查询"按钮时
        private void tsbtnScore_Click(object sender, EventArgs e)
        {
            frmManageScore ManageScore=new frmManageScore();
            ManageScore.MdiParent=this;
            ManageScore.Show();
        }
    }
}
```

代码关键点分析如下。

（1）当用户关闭主界面，一般意味着程序也被关闭，因此设计主界面的FormClosing事件来关闭主界面，其中Exit方法表示退出程序。代码如下：

```
private void frmMain_FormClosing(object sender, FormClosingEventArgs e)
{
    Application.Exit();
}
```

（2）必须为每个子窗体指定父窗体为frmMain，以“学生信息添加”菜单为例说明。代码如下：

```
frmAddStu AddStu=new frmAddStu();
AddStu.MdiParent=this;
AddStu.Show();
```

拓展：

（1）为系统设计弹出菜单。

（2）为每个子菜单添加图片及快捷键。

6.4.4 任务小结

本学习任务主要完成了主界面的设计，涉及的知识点主要如下。

（1）MDI窗体设计。

(2) 菜单设计。

(3) 工具栏设计。

(4) 状态栏设计。

6.5 学习任务5 学生信息模块设计

6.5.1 任务分析

本学习任务就是要完成学生信息模块的设计，主要有添加学生信息、修改学生信息、查询和删除学生信息，具体涉及三个窗体的设计。

6.5.2 相关知识

1. DataGridView

DataGridView 控件提供一种强大而灵活的以表格形式显示数据的方式。使用该控件可以显示和编辑来自多种不同类型的数据源的表格数据。

可以用很多方式扩展 DataGridView 控件，以便将自定义行为内置在应用程序中。例如，可以采用编程方式指定自己的排序算法，以及创建自己的单元格类型。通过选择一些属性，可以轻松地自定义 DataGridView 控件的外观。可以将许多类型的数据存储区用作数据源，也可以在没有绑定数据源的情况下操作 DataGridView 控件。

将数据绑定到 DataGridView 控件非常简单和直观，在大多数情况下，只需设置 DataSource 属性即可。在绑定到包含多个列表或表的数据源时，只需将 DataMember 属性设置为指定要绑定的列表或表的字符串即可。

DataGridView 控件的常用属性、方法和事件及说明如表 6-24～表 6-26 所示。

表 6-24 DataGridView 的常用属性及说明

属 性	说 明
AllowUserToAddRows	获取或设置一个值，该值指示是否向用户显示添加行的选项
AllowUserToDeleteRows	获取或设置一个值，该值指示是否允许用户从 DataGridView 中删除行
BackgroundColor	获取或设置 DataGridView 的背景色
BindingContext	获取或设置控件的绑定内容
BorderStyle	获取或设置 DataGridView 的边框样式
CellBorderStyle	获取 DataGridView 的单元格边框样式
ColumnCount	获取或设置 DataGridView 中显示的列数
Columns	获取一个包含控件中所有列的集合
CurrentCell	获取或设置当前处于活动状态的单元格
CurrentCellAddress	获取当前处于活动状态的单元格的行索引和列索引

续表

属　性	说　明
CurrentRow	获取包含当前单元格的行
DataBindings	为该控件获取数据绑定
DataSource	获取或设置 DataGridView 所显示数据的数据源
EditMode	获取或设置一个值，该值指示如何开始编辑单元格
Item	提供索引器以获取或设置位于指定行和指定列交叉点处的单元格
MultiSelect	获取或设置一个值，该值指示是否允许用户一次选择 DataGridView 的多个单元格、行或列
NewRowIndex	获取新记录所在行的索引
RowCount	获取或设置 DataGridView 中显示的行数
Rows	获取一个集合，该集合包含 DataGridView 控件中的所有行
SelectedCells	获取用户选定的单元格的集合
SelectedColumns	获取用户选定的列的集合
SelectedRows	获取用户选定的行的集合

表 6-25　DataGridView 的常用方法及说明

方　法	说　明
BeginEdit()	将当前的单元格置于编辑模式下
CancelEdit()	取消当前选定单元格的编辑模式并丢弃所有更改
ClearSelection()	取消对当前选定的单元格的选择
CommitEdit()	将当前单元格中的更改提交到数据缓存，但不结束编辑模式
Dispose()	释放 DataGridView 控件使用的所有资源
EndEdit()	提交对当前单元格进行的编辑并结束编辑操作
GetCellCount()	获取满足所提供筛选器的单元格的数目
Refresh()	强制控件使其工作区无效并立即重绘自己和任何子控件
ResetText()	将 Text 属性重置为其默认值
SelectAll()	选择 DataGridView 中的所有单元格
Select()	激活控件
Sort()	对 DataGridView 控件的内容进行排序

表 6-26　DataGridView 的常用事件及说明

事　件	说　明
CellBeginEdit	在为选定的单元格启动编辑模式时发生
CellEndEdit	在为当前选定的单元格停止编辑模式时发生
CellEnter	在 DataGridView 控件中的当前单元格更改或者该控件接收到输入焦点时发生
CellLeave	在单元格失去输入焦点因而不再是当前单元格时发生
CellValueChanged	在单元格的值更改时发生
RowEnter	在某一行接收到输入焦点但变成当前行之前发生
RowLeave	在行失去输入焦点因而不再是当前行时发生

续表

事　件	说　明
RowsAdded	在向 DataGridView 中添加新行之后发生
RowsRemoved	在从 DataGridView 中删除一行或多行时发生
UserAddedRow	在用户完成向 DataGridView 控件中添加行时发生
UserDeletedRow	在用户完成从 DataGridView 控件中删除行时发生
UserDeletingRow	在用户从 DataGridView 控件中删除行时发生

如果要将 DataSet 中的某个表的数据放在 DataGridView 控件中，只需要设置其 DataSource 属性。代码如下：

```
DataGridView1.DataSource=ds.Tables[0];
```

2. SQL 语句

在 Windows 程序开发过程中，经常要用到的 SQL 语句主要有对数据的查询、添加、删除和修改，下面以一个例子简单阐述几种语句的语法。

假设有一张学生表，表名为 student。其中有三个字段，分别为学号、姓名、性别。学生表的数据如表 6-27 所示。

表 6-27　学生表

学　号	姓名	性别
0100001	张军	男
0100002	李萍	女
0100003	王海	男
0100004	赵敏	女

(1) 查询记录

查找性别为女的学生的学号和姓名。

```
SELECT 学号,姓名 FROM student WHERE 性别='女'
```

如果查找某张表的所有字段，则可以用 * 代替所有字段。

例如，查找性别为男的所有学生的基本信息的语句如下：

```
SELECT * FROM student WHERE 性别='男'
```

(2) 添加记录

为学生表添加一条记录('0100005','李丽','女')。

```
INSERT INTO student(学号,姓名,性别) VALUES('0100005','李丽',女')
```

(3) 修改记录

将学号为 0100001 的学生的姓名改为'张君'。

```
UPDATE student SET 姓名='张君' WHERE 学号='0100001'
```

（4）删除记录

将学号为0100002的学生信息删除。

```
DELETE FROM student WHERE 学号='0100002'
```

6.5.3　任务实施

1. 学生信息添加窗体的设计

（1）添加一个新窗体frmAddStu。

（2）在frmAddStu窗体上面添加控件，窗体布局如图6-27所示。

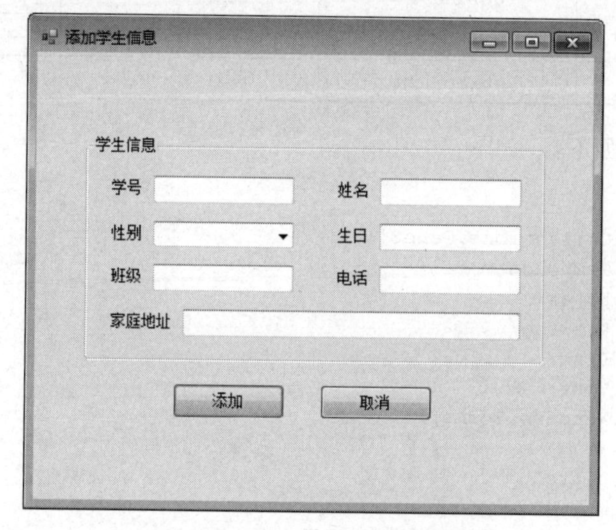

图6-27　“添加学生信息”窗体

窗体上各控件的属性如表6-28所示。

表6-28　窗体上控件属性及属性值

控件类型	控件名称	属　性	属性值
Label	lblSid	Text	学号
	lblSname	Text	姓名
	lblSex	Text	性别
	lblBirthday	Text	生日
	lblClass	Text	班级
	lblTel	Text	电话
	lblAddress	Text	家庭地址

续表

控件类型	控件名称	属　性	属性值
TextBox	txtSid	MaxLength	10
	txtSname	MaxLength	10
	txtBirthday	MaxLength	20
	txtClass	MaxLength	20
	txtTel	MaxLength	30
	txtAddress	MaxLength	50
ComboBox	cboSex	Items	男 女
Button	btnAdd	Text	添加
	btnCancel	Text	取消
GroupBox	gbxStudent	Text	空

(3) 相关代码如下：

```
using System;
using System.Collections.Generic;
using System.ComponentModel;
using System.Data;
using System.Drawing;
using System.Linq;
using System.Text;
using System.Windows.Forms;

namespace StudentsScore
{
    public partial class frmAddStu : Form
    {
        public frmAddStu()
        {
            InitializeComponent();
        }

        private void btnAdd_Click(object sender, EventArgs e)
        {
            string strSql;
            DataAccess data=new DataAccess();
            strSql="insert into Studentinfo(Sid,Sname,Sex,Birthday,Class,Tel,
            Address)values('"+txtSid.Text+"','"+txtSname.Text+"','"+cboSex.
            Text+"','"+txtBirthday.Text+"','"+txtClass.Text+"','"+txtTel.
            Text+"','"+txtAddress.Text+"')";
            data.dataCon();
            if(data.sqlExec(strSql))
            {
                MessageBox.Show("添加成功!!");
            }
            else
```

```
            {
                MessageBox.Show("添加失败!!");
            }
        }

        private void btnCancel_Click(object sender, EventArgs e)
        {
            this.Close();
        }
    }
}
```

代码关键点分析如下。

(1) 判断是否添加新记录成功，要根据 DataAccess 类的 sqlExec()方法，如果返回值为 true 则表示添加成功；如果返回值为 false 则表示添加不成功。代码如下：

```
if(data.sqlExec(strSql))
{
    MessageBox.Show("添加成功!!");
}
else
{
    MessageBox.Show("添加失败!!");
}
```

(2)【取消】按钮主要用于关闭本窗体，而不是退出整个应用程序，因此调用 Close()方法。代码如下：

```
this.Close();
```

2. 学生信息修改窗体的设计

(1) 添加一个新窗体 frmEditStu。

(2) 在 frmEditStu 窗体上面添加控件，窗体布局如图 6-28 所示。

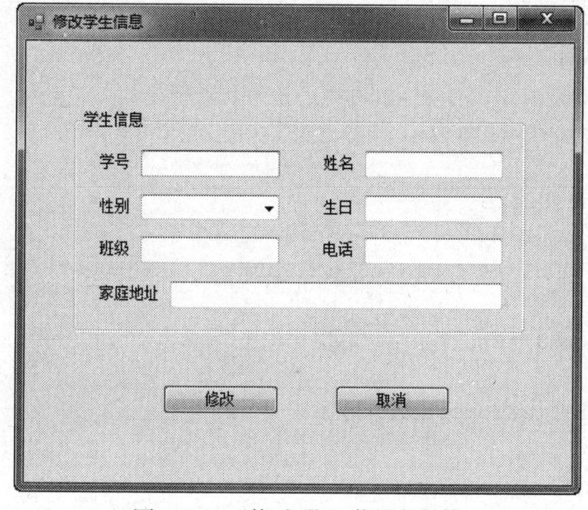

图 6-28　“修改学生信息”窗体

窗体上各控件的属性如表6-29所示。

表6-29 "修改学生信息"窗体控件属性及属性值

控件类型	控件名称	属 性	属性值
Label	lblSid	Text	学号
	lblSname	Text	姓名
	lblSex	Text	性别
	lblBirthday	Text	生日
Label	lblClass	Text	班级
	lblTel	Text	电话
	lblAddress	Text	家庭地址
TextBox	txtSid	MaxLength	10
	txtSname	MaxLength	10
	txtBirthday	MaxLength	20
	txtClass	MaxLength	20
	txtTel	MaxLength	30
	txtAddress	MaxLength	50
ComboBox	cboSex	Items	男 女
Button	btnEdit	Text	修改
	btnCancel	Text	取消
GroupBox	gbxStudent	Text	空

(3) 相关代码如下：

```
using System;
using System.Collections.Generic;
using System.ComponentModel;
using System.Data;
using System.Drawing;
using System.Linq;
using System.Text;
using System.Windows.Forms;

namespace StudentsScore
{
    public partial class frmEditStu : Form
    {
        public frmEditStu()
        {
            InitializeComponent();
        }

        private void btnEdit_Click(object sender, EventArgs e)
```

```
        {
            string strSql="";
            if(txtSname.Text !="" && txtBirthday.Text !="" && txtClass.Text !=""&&
            txtTel.Text !="" && txtAddress.Text !="" && cboSex.Text !="")
            {
                strSql="update Studentinfo set Sname='"+txtSname.Text+"',Sex=
                '"+cboSex.Text+"',Birthday='"+txtBirthday.Text+"',Class='"+
                txtClass.Text+"',Tel='"+txtTel.Text+"',Address='"+
                txtAddress.Text+"' where Sid='"+frmManageStu.sid+"'";
                DataAccess data=new DataAccess();
                data.dataCon();
                if(data.sqlExec(strSql))
                {
                    MessageBox.Show("修改成功");
                }
                else
                {
                    MessageBox.Show("修改失败");
                }
            }
            else
            {
                MessageBox.Show("输入未完全!!");
            }
        }

        private void frmEditStu_Load(object sender, EventArgs e)
        {
            txtSid.Text=frmManageStu.sid;
        }

        private void btnCancel_Click(object sender, EventArgs e)
        {
            this.Close();
        }
    }
}
```

代码关键点分析如下。

(1) 从学生管理界面单击【修改】按钮进入本窗体时，要获取被选的学生的学号，将其赋值给文本框。代码如下：

```
txtSid.Text=frmManageStu.sid;
```

(2) 学生信息修改的 update 语句是以当前选择的学号为基准。代码如下：

```
strSql="update Studentinfo set Sname='"+txtSname.Text+"',Sex='"+cboSex.Text+"',
Birthday='"+txtBirthday.Text+"',Class='"+txtClass.Text+"',Tel='"+txtTel.Text+"',
Address='"+txtAddress.Text+"' where Sid='"+frmManageStu.sid+"'";
```

拓展：修改学生信息时，能否修改学号？如果能，当出现重复学号时怎样处理？

3. 学生信息管理窗体的设计

(1) 添加一个新窗体 frmManageStu。

(2) 在 frmManageStu 窗体上面添加控件，窗体布局如图 6-29 所示。

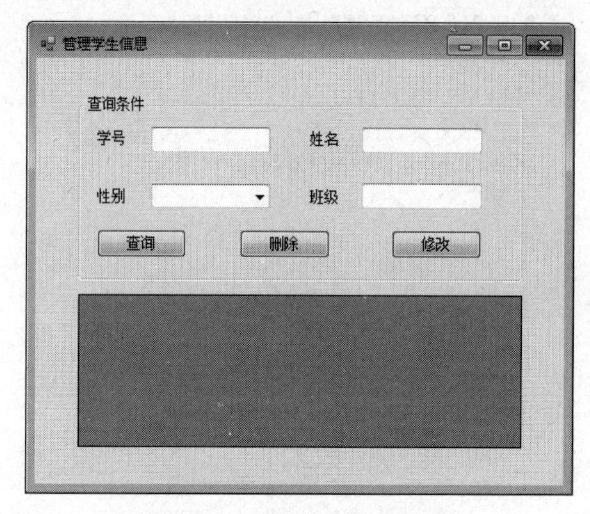

图 6-29 “管理学生信息”窗体

窗体上各控件的属性如表 6-30 所示。

表 6-30 “管理学生信息”窗体控件属性及属性值

控件类型	控件名称	属 性	属 性 值
Label	lblSid	Text	学号
	lblSname	Text	姓名
	lblSex	Text	性别
	lblClass	Text	班级
TextBox	txtSid	MaxLength	10
	txtSname	MaxLength	10
	txtClass	MaxLength	20
ComboBox	cboSex	Items	男 女
Button	btnSearch	Text	查询
	btnDel	Text	删除
	btnEdit	Text	修改

续表

控件类型	控件名称	属　性	属 性 值
GroupBox	gbxSearch	Text	查询条件
DataGridView	dgvInfo	BackgroundColor	AliceBlue

(3) 相关代码如下：

```
using System;
using System.Collections.Generic;
using System.ComponentModel;
using System.Data;
using System.Drawing;
using System.Linq;
using System.Text;
using System.Windows.Forms;

namespace StudentsScore
{
    public partial class frmManageStu : Form
    {
        public frmManageStu()
        {
            InitializeComponent();
        }
        public static string sid;
        public static string Sid
        {
            get { return sid; }
            set { sid=value; }
        }

        private void btnSeach_Click(object sender, EventArgs e)
        {
            string strSql;
            string conditon="";
            DataAccess data=new DataAccess();
            DataSet ds;
            if(txtSid.Text !="")
            {
                conditon+=" and Sid='"+txtSid.Text+"'";
            }
            if(txtSname.Text !="")
            {
                conditon+=" and Sname='"+txtSname.Text+"'";
            }
            if(txtClass.Text !="")
            {
                conditon+=" and Class='"+txtClass .Text+"'";
```

```
            }
            if(cboSex.Text !="")
            {
                conditon+=" and Sex='"+cboSex.Text+"'";
            }
            strSql="SELECT Sid AS 学号,Sname AS 姓名,Sex AS 性别,Birthday AS 出生
            日期,Class AS 班级,Tel AS 电话,Address AS 家庭地址 FROM Studentinfo
            WHERE 1=1"+conditon;

            data.dataCon();
            ds=data.getDataset(strSql);
            dgvInfo.DataSource=ds.Tables[0];
        }

        private void btnDel_Click(object sender, EventArgs e)
        {
            string strSql;
            DataAccess data=new DataAccess();
            strSql="DELETE FROM Studentinfo WHERE Sid='"+dgvInfo.CurrentRow.
            Cells[0].VALUE.ToString()+"'";
            data.dataCon();
            if(data.sqlExec(strSql))
            {
                MessageBox.Show("删除成功!!");
            }
            else
            {
                MessageBox.Show("删除失败!!");
            }
        }

        private void btnEdit_Click(object sender, EventArgs e)
        {
            frmManageStu.sid =dgvInfo.CurrentRow.Cells[0].Value.ToString();
            frmEditStu  frmEditStu1=new frmEditStu();
            frmEditStu1.Show();
        }
    }
}
```

代码关键点分析如下。

(1) 学生信息是进入窗体 frmEditStu 后进行修改的。为了在窗体 frmEditStu 中能修改当前选择的学生信息，定义了一个属性，属性可以在窗体 frmEditStu 中访问。代码如下：

```
public static string Sid
{
    get {return sid;}
    set {sid=value;}
```

```
}
```

(2) 取当前选择行的学号，将其赋值给新定义的属性。代码如下：

```
frmManageStu.sid=dgvInfo.CurrentRow.Cells[0].Value.ToString();
```

(3) 设置多重选择时，要考虑用户一个信息都没有填写，需要在 SQL 语句最后条件中加一个“1=1”。代码如下：

```
SELECT Sid AS 学号,Sname AS 姓名,Sex AS 性别,Birthday AS 出生日期,Class AS 班级,Tel
AS 电话,Address AS 家庭地址 FROM Studentinfo WHERE 1=1;
```

拓展：完善删除记录后的自动刷新代码。

6.5.4　任务小结

本学习任务主要完成了学生信息方面的设计，包括学生信息的添加、学生信息的修改、学生信息的删除、学生信息的查询，其中查询和删除操作共用一个界面。

涉及的知识点主要为 DataGridView 控件的使用方法。

6.6　学习任务 6　课程信息模块设计

6.6.1　任务分析

本学习任务就是要完成课程信息模块的设计，主要有添加课程信息、修改课程信息、管理课程信息查询、删除，具体涉及三个窗体的设计，窗体的界面如图 6-30～图 6-32 所示。

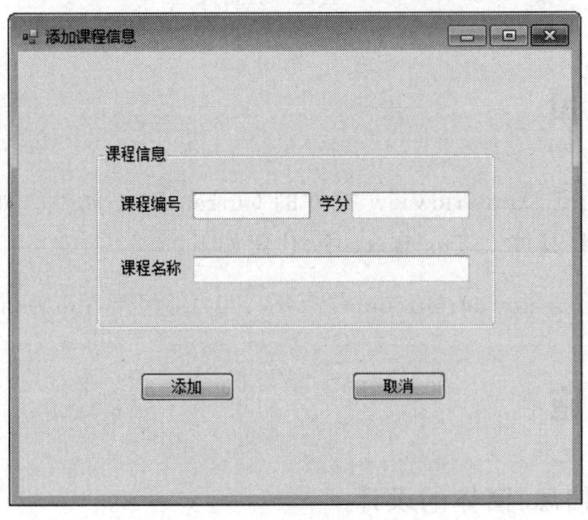

图 6-30　“添加课程信息”窗体

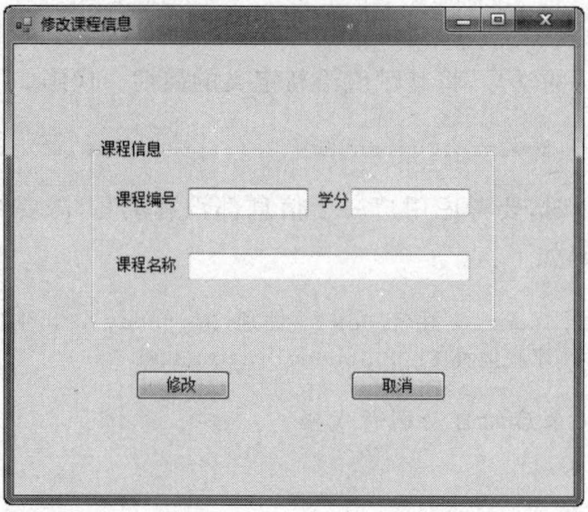

图 6-31 “修改课程信息”窗体

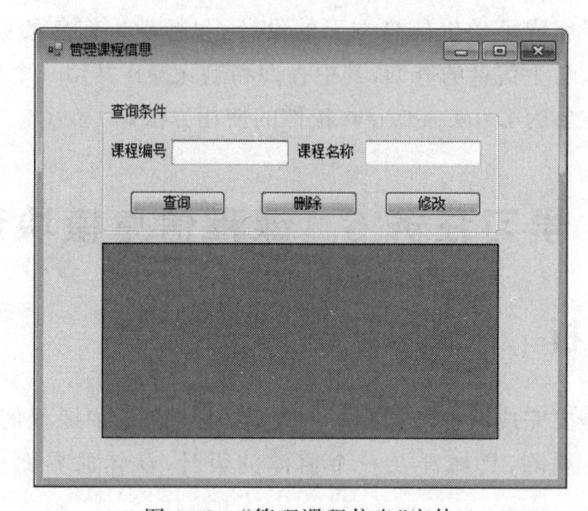

图 6-32 “管理课程信息”窗体

6.6.2 相关知识

本学习任务要用到 DataGridView 控件的 CurrentRow 属性。如果需要取出当前选择行的第一个字段,将其放入 TextBox1 中,代码如下:

```
TextBox1.Text=DataGridView1.CurrentRow.Cells[0].Value.ToString();
```

6.6.3 任务实施

1. “添加课程信息”窗体的设计

(1) 添加一个新窗体 frmAddCourse。

（2）在 frmAddCourse 窗体上面添加控件，窗体布局如图 6-30 所示。窗体等控件属性如表 6-31 所示。

表 6-31　“添加课程信息”窗体控件属性及属性值

控件类型	控件名称	属　性	属 性 值
Label	lblCid	Text	课程编号
	lblCredit	Text	学分
	lblCname	Text	课程名称
TextBox	txtCid	MaxLength	10
	txtCredit	MaxLength	10
	txtCname	MaxLength	30
Button	btnAdd	Text	添加
	btnCancel	Text	取消
GroupBox	gbxCourse	Text	空

（3）相关代码如下：

```
using System;
using System.Collections.Generic;
using System.ComponentModel;
using System.Data;
using System.Drawing;
using System.Linq;
using System.Text;
using System.Windows.Forms;

namespace StudentsScore
{
    public partial class frmAddCourse : Form
    {
        public frmAddCourse()
        {
            InitializeComponent();
        }

        private void btnAdd_Click(object sender, EventArgs e)
        {
            string strSql;
            DataAccess data=new DataAccess();
            strSql="insert into Courseinfo(Cid,Cname,Credit)values('"+txtCid.
            Text  +"','"+txtCname.Text+"','"+txtCredit.Text+"')";
            data.dataCon();
            if(data.sqlExec(strSql))
            {
                MessageBox.Show("添加成功!!");
            }
```

```
            else
            {
                MessageBox.Show("添加失败!!");
            }
        }

        private void btnCancel_Click(object sender, EventArgs e)
        {
            this.Close();
        }
    }
}
```

2."修改课程信息"窗体的设计

(1) 添加一个新窗体 frmEditCourse。

(2) 在 frmEditCourse 窗体上面添加控件,窗体布局如图 6-31 所示。

窗体等控件属性如表 6-32 所示。

表 6-32 "修改课程信息"窗体控件属性的设置

控件类型	控件名称	属 性	属 性 值
Label	lblCid	Text	课程编号
	lblCredit	Text	学分
	lblCname	Text	课程名称
TextBox	txtCid	MaxLength	10
	txtCredit	MaxLength	10
	txtCname	MaxLength	30
Button	btnEdit	Text	修改
	btnCancel	Text	取消
GroupBox	gbxCourse	Text	空

(3) 相关代码如下:

```
using System;
using System.Collections.Generic;
using System.ComponentModel;
using System.Data;
using System.Drawing;
using System.Linq;
using System.Text;
using System.Windows.Forms;

namespace StudentsScore
{
    public partial class frmEditCourse : Form
    {
```

```
        public frmEditCourse()
        {
            InitializeComponent();
        }

        private void btnEdit_Click(object sender, EventArgs e)
        {
            string strSql="";
            if(txtCid.Text !="" && txtCname.Text !="" && txtCredit.Text !="")
            {
                strSql="update Courseinfo set Cname='"+txtCname.Text+"',Credit=
                '"+txtCredit.Text+"' where Cid='"+frmManageCourse.cid+"'";
                DataAccess data=new DataAccess();
                data.dataCon();
                if(data.sqlExec(strSql))
                {
                    MessageBox.Show("修改成功");
                }
                else
                {
                    MessageBox.Show("修改失败");
                }

            }
            else
            {

                MessageBox.Show("输入未完全!!");
            }
        }

        private void frmEditCourse_Load(object sender, EventArgs e)
        {
            txtCid.Text=frmManageCourse.cid ;
        }

        private void btnCancel_Click(object sender, EventArgs e)
        {
            this.Close();
        }
    }
}
```

3. "管理课程信息"窗体的设计

（1）添加一个新窗体 frmManageCourse。

(2) 在frmManageCourse窗体上面添加控件,窗体布局如图6-32所示。窗体等控件属性如表6-33所示。

表6-33 "管理课程信息"窗体控件属性的设置

控件类型	控件名称	属　性	属性值
Label	lblCid	Text	课程编号
	lblCname	Text	课程名称
TextBox	txtCid	MaxLength	10
	txtCname	MaxLength	30
Button	btnSeach	Text	查询
	btnDel	Text	删除
	btnEdit	Text	修改
GroupBox	gbxSearch	Text	查询条件
DataGridView	dgvInfo	BackgroundColor	AliceBlue

(3) 相关代码如下:

```
using System;
using System.Collections.Generic;
using System.ComponentModel;
using System.Data;
using System.Drawing;
using System.Linq;
using System.Text;
using System.Windows.Forms;

namespace StudentsScore
{
    public partial class frmManageCourse : Form
    {
        public frmManageCourse()
        {
            InitializeComponent();
        }
        public static string cid;
        public static string Cid
        {
            get {return cid;}
            set {cid=value;}
        }

        private void btnSeach_Click(object sender, EventArgs e)
        {
            string strSql;
            string conditon="";
            DataAccess data=new DataAccess();
```

```
            DataSet ds;
            if(txtCid.Text !="")
            {
                conditon+=" and Cid='"+txtCid.Text+"'";

            }
            if(txtCname.Text !="")
            {
                conditon+=" and Cname='"+txtCname.Text+"'";
            }
            strSql="SELECT Cid AS 课程编号,Cname AS 课程名称,Credit AS 学分 FROM
            Courseinfo WHERE 1=1"+conditon;
            data.dataCon();
            ds=data.getDataset(strSql);
            dgvInfo.DataSource=ds.Tables[0];
        }

        private void btnDel_Click(object sender, EventArgs e)
        {
            string strSql;
            DataAccess data=new DataAccess();
            strSql="delete from Courseinfo  where Cid='"+dgvInfo.CurrentRow.
            Cells[0].Value.ToString()+"'";
            data.dataCon();
            if(data.sqlExec(strSql))
            {
                MessageBox.Show("删除成功!");
            }
            else
            {
                MessageBox.Show("删除失败");
            }
        }

        private void btnEdit_Click(object sender, EventArgs e)
        {
            frmManageCourse.cid=dgvInfo.CurrentRow.Cells[0].Value.ToString();
            frmEditCourse frmEditCourse 1=new frmEditCourse();
            frmEditCourse 1.Show();
        }
    }
}
```

6.6.4 任务小结

本学习任务主要完成了课程信息方面的设计，包括课程信息的添加、课程信息的修改、课程信息的查询、课程信息的删除，其中查询和删除操作共用一个界面。

涉及的知识点主要为 DataGridView 控件的使用方法。

6.7 学习任务7 成绩管理模块设计

6.7.1 任务分析

本学习任务就是要完成成绩管理模块的设计，主要有成绩的添加、成绩的查询、成绩的修改、成绩的删除，具体涉及两个窗体的设计，窗体的界面如图6-33和图6-34所示。

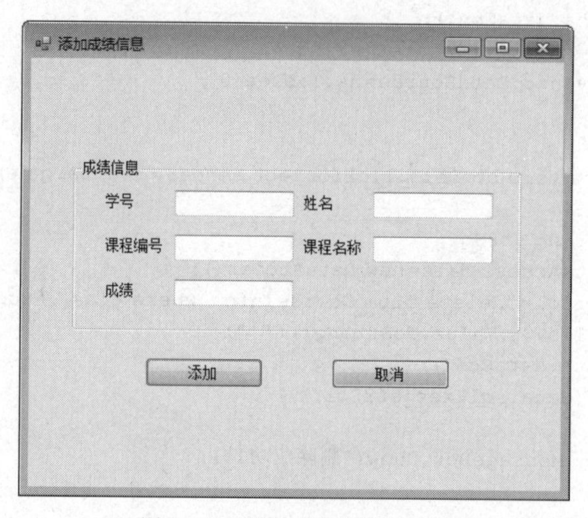

图6-33 “添加成绩信息”窗体

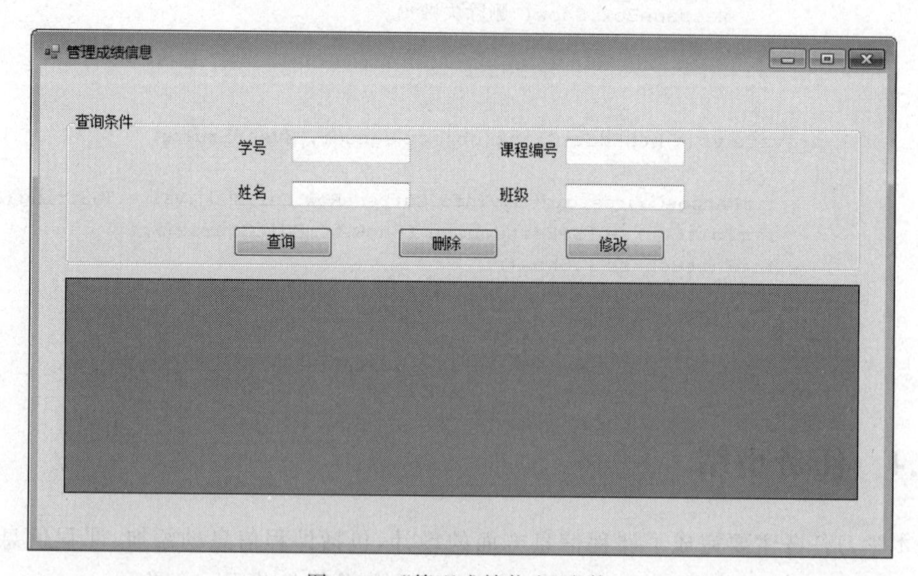

图6-34 “管理成绩信息”窗体

6.7.2 相关知识

本学习任务的相关知识与本章前面几节一样，可以参考前面章节的内容。

6.7.3 任务实施

1. "添加成绩信息"窗体的设计

(1) 添加一个新窗体 frmAddScore。

(2) 在 frmAddScore 窗体上面添加控件，窗体布局如图 6-33 所示。窗体等控件的属性如表 6-34 所示。

表 6-34 "添加成绩信息"窗体控件属性的设置

控件类型	控件名称	属　性	属性值
Label	lblSid	Text	学号
	lblSname	Text	姓名
	lblCid	Text	课程编号
	lblCname	Text	课程名称
	lblScore	Text	成绩
TextBox	txtSid	MaxLength	10
	txtSname	MaxLength	10
	txtCid	MaxLength	10
	txtCname	MaxLength	30
	txtScore	MaxLength	10
Button	btnAdd	Text	添加
	btnCancel	Text	取消
GroupBox	gbxCourse	Text	空

(3) 相关代码如下：

```
using System;
using System.Collections.Generic;
using System.ComponentModel;
using System.Data;
using System.Drawing;
using System.Linq;
using System.Text;
using System.Windows.Forms;

namespace StudentsScore
{
    public partial class frmAddScore : Form
```

```
    {
        public frmAddScore()
        {
            InitializeComponent();
        }

        private void btnAdd_Click(object sender, EventArgs e)
        {
            string strSql;
            DataAccess data=new DataAccess();
            strSql="insert into Scoreinfo(Sid,Cid,Score)values('"+txtSid.Text
            +"','"+txtCid.Text+"','"+txtScore.Text+"')";
            data.dataCon();
            if(data.sqlExec(strSql))
            {
                MessageBox.Show("添加成功!!");
            }
            else
            {
                MessageBox.Show("添加失败!!");
            }
        }

        private void btnCancel_Click(object sender, EventArgs e)
        {
            this.Close();
        }
    }
}
```

拓展：在学生成绩窗体上实现输入学号自动出现姓名、输入课程编号自动出现课程名称的功能。

2. "管理成绩信息"窗体的设计

(1) 添加一个新窗体 frmManageScore。

(2) 在 frmManageScore 窗体上添加控件，窗体布局如图 6-34 所示。

窗体上各控件的属性如表 6-35 所示。

表 6-35 "管理成绩信息"窗体中控件属性的设置

控件类型	控件名称	属　性	属性值
Label	lblSid	Text	学号
	lblCid		课程编号
	lblSname		姓名
	lblClass	Text	班级

续表

控件类型	控件名称	属　　性	属 性 值
TextBox	txtSid	MaxLength	10
	txtCid	MaxLength	10
	txtSname	MaxLength	10
	txtClass	MaxLength	20
Button	btnSearch	Text	查询
	btnDel	Text	删除
	btnEdit	Text	修改
GroupBox	gbxSearch	Text	查询条件
DataGridView	dgvInfo	BackgroundColor	AliceBlue

(3) 相关代码如下：

```
using System;
using System.Collections.Generic;
using System.ComponentModel;
using System.Data;
using System.Drawing;
using System.Linq;
using System.Text;
using System.Windows.Forms;

namespace StudentsScore
{
    public partial class frmManageScore : Form
    {
        public frmManageScore()
        {
            InitializeComponent();
        }

        private void btnSeach_Click(object sender, EventArgs e)
        {
            string strSql;
            string conditon="";
            DataAccess data=new DataAccess();
            DataSet ds;
            if(txtSid.Text !="")
            {
                conditon+=" and Studentinfo.Sid='"+txtSid.Text+"'";
            }
            if(txtSname.Text !="")
            {
                conditon+=" and Sname='"+txtSname.Text+"'";
            }
            if(txtClass.Text !="")
            {
```

```
            conditon+=" and Class='"+txtClass.Text+"'";
        }
        if(txtCid.Text !="")
        {
            conditon+=" and Courseinfo.Cid='"+txtCid.Text+"'";
        }
        strSql=" SELECT Courseinfo.Cid AS 课程号, Courseinfo.Cname AS 课程名称,
        Studentinfo.Sname AS 姓名, Studentinfo.Class AS 班级, Studentinfo.Sid
        AS 学 号, Scoreinfo. Score   AS 成 绩 FROM Studentinfo, Courseinfo,
        Scoreinfo WHERE Courseinfo.Cid= Scoreinfo.Cid AND Studentinfo.Sid=
        Scoreinfo.Sid  "+conditon;
        data.dataCon();
        ds=data.getDataset(strSql);
        dgvInfo.DataSource=ds.Tables[0];
    }

    private void btnEdit_Click(object sender, EventArgs e)
    {
        string strSql;
        DataAccess data=new DataAccess();
        strSql=" UPDATE Scoreinfo SET Score='"+dgvInfo.CurrentRow.Cells
        [5].VALUE.ToString()+"' WHERE Sid='"+dgvInfo.CurrentRow.Cells[4].
        VALUE.ToString()+"'AND Cid='"+dgvInfo.CurrentRow.Cells[0].VALUE.
        ToString()+"'";
        data.dataCon();
        if(data.sqlExec(strSql))
        {
            MessageBox.Show("修改成功 !!");
        }
        else
        {
            MessageBox.Show("修改失败!!");
        }
    }

    private void btnDel_Click(object sender, EventArgs e)
    {
        string strSql;
        DataAccess data=new DataAccess();
        strSql="DELETE FROM Scoreinfo WHERE Cid='"+dgvInfo.CurrentRow.
        Cells[0].VALUE.ToString()+"' AND Sid='"+dgvInfo.CurrentRow.Cells
        [4].VALUE.ToString()+"'";
        data.dataCon();
        if(data.sqlExec(strSql))
        {
            MessageBox.Show("删除成功!!");
        }
        else
        {
            MessageBox.Show("删除失败!!");
        }
    }
```

```
        private void frmManageScore_Load(object sender, EventArgs e)
        {

        }
    }
}
```

代码关键点分析如下。

(1) 本任务将修改成绩的功能直接在成绩管理窗体中完成，这样便于编码。

(2) 根据 DataGridView 控件上面显示的学生成绩情况，修改学生成绩时，要对应取不同的列值。代码如下：

```
strSql=" UPDATE Scoreinfo SET Score='"+dgvInfo.CurrentRow.Cells[5].VALUE.
ToString()+"' WHERE Sid='"+dgvInfo.CurrentRow.Cells[4].VALUE.ToString()+"'
AND Cid='"+dgvInfo.CurrentRow.Cells[0].VALUE.ToString()+"'";
```

6.7.4　任务小结

本学习任务主要完成了成绩方面的设计，包括成绩的添加、成绩的修改、成绩的删除、成绩的查询，其中查询、删除和修改操作共用一个界面。

涉及的知识点主要为 DataGridView 控件的使用方法。

本章小结

通过本章 7 个学习任务，读者可以学会开发小型应用系统，结合页面美化、系统打包等知识，使系统拥有一定的使用价值。

本章重点讲解 ADO.NET 的使用方法，读者根据不同的数据库可以采用不同的数据提供程序，对四个核心对象的正确使用也是开发系统的关键。

习　题

1. 选择题

(1) 用于设置菜单项快捷键的属性是(　　)。

A. ToolTipText　　B. ShortcutKeyDisplayString

C. ShortcutKeys　　D. ShowShortcutKeys

(2) 多文档界面(MDI)应用程序的基础是(　　)。

A. MDI 子窗口的窗体　　B. MDI 子窗体

C. MDI 父窗体　　D. MDI 父窗口的子窗体

(3) Connection 对象的(　　)方法用于打开与数据库的连接。

A. ConnectionString　　B. Close

C. Open　　D. Clear

(4) Command 对象的(　　)方法用于执行 SQL 语句并返回受影响的行数。

A. ExecuteReader　　B. ExecuteNonQuery

C. ExecuteScalar　　D. ExecuteQuery

(5) DataReader 对象的(　　)方法用于从查询结果中读取行。

A. Read　　B. Next　　C. Write　　D. NextResult

2. 简答题

(1) 菜单分为哪几种？分别有什么特点？

(2) 创建一个 MDI 应用程序有哪几种方法？

(3) 类在项目中是如何调用的？

第 7 章　课 程 设 计

课程设计是对一门学科所学知识的一种整体把握和应用，是对所学的知识进一步巩固和加深。课程设计作为课程实践性环节之一，是教学过程中必不可少的重要内容，使学生加深理解、验证巩固课堂教学内容；增强系统设计的感性认识；能够运用结构化的系统开发方法进行小型管理系统的开发。

课程设计是培养学生系统分析、设计和开发能力的重要组成部分，同时要求学生具有较强的动手实践能力。

本章安排 5 个学习任务，学生可以挑选其中一个进行课程设计，不需要 5 个学习任务都完成，给出的系统设计目标和功能模型只是一个参考，可以根据具体的系统进行进一步分析，提出设计目标和系统功能。

7.1　学习任务 1　房屋中介管理系统设计

7.1.1　系统设计目标

本系统用于对房屋中介进行管理应达到以下目标。

(1) 能够对出租信息进行有效的管理。

(2) 能够对求租信息进行有效的管理。

(3) 能够对出售房屋信息进行有效的管理。

(4) 能够对求售房屋信息进行有效的管理。

(5) 能够对输入的数据进行严格检验，尽可能地避免人为输入错误。

(6) 系统界面美观友好。

(7) 系统拥有易操作性和易维护性。

7.1.2　系统功能设计

根据系统设计目标，系统的参考功能模型如图 7-1 所示。

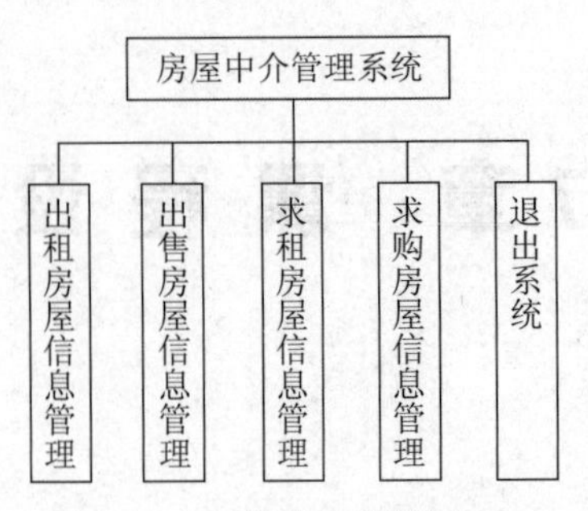

图 7-1 系统功能模块图(1)

7.2 学习任务 2 小区物业管理系统设计

7.2.1 系统设计目标

本系统用于对小区物业进行管理,应达到以下目标。

(1) 能够对住户信息进行有效的管理。

(2) 能够对投诉信息进行有效的管理。

(3) 能够对报修信息进行有效的管理。

(4) 能够对物业缴费情况进行有效的管理。

(5) 能够对住户停车位进行有效的管理。

(6) 能够对输入的数据进行严格检验,尽可能地避免人为输入错误。

(7) 系统界面美观友好。

(8) 系统拥有易操作性和易维护性。

7.2.2 系统功能设计

根据系统设计目标,系统的参考功能模型如图 7-2 所示。

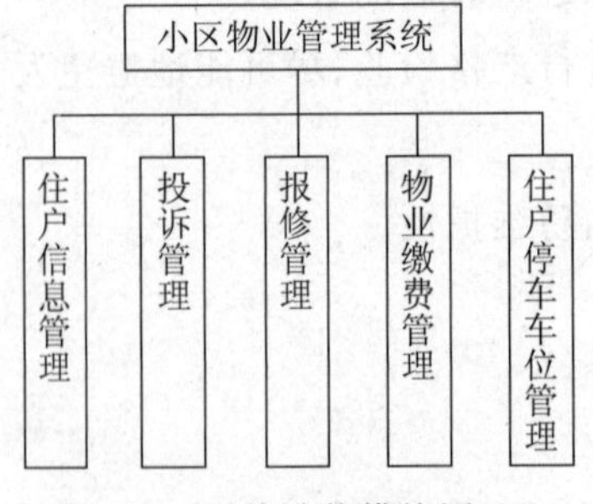

图 7-2 系统功能模块图(2)

7.3　学习任务 3　人事工资管理系统设计

7.3.1　系统设计目标

本系统用于对企事业单位的人事进行管理,应达到以下目标。

(1) 能够对人事档案信息进行有效的管理。

(2) 能够对工资信息进行有效的管理。

(3) 能够完成系统的基本信息维护。

(4) 能够对输入的数据进行严格检验,尽可能地避免人为输入错误。

(5) 系统界面美观友好。

(6) 系统拥有易操作性和易维护性。

7.3.2　系统功能设计

根据系统设计目标,系统的参考功能模型如图 7-3 所示。

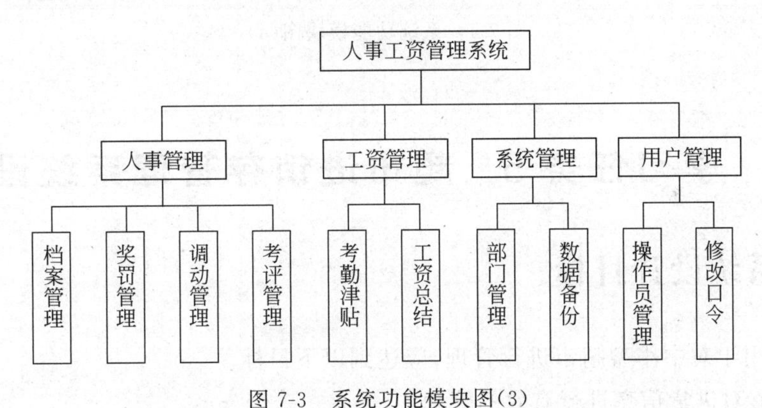

图 7-3　系统功能模块图(3)

7.4　学习任务 4　餐饮管理系统设计

7.4.1　系统设计目标

本系统用于对小型餐饮企业进行管理,应达到以下目标。

(1) 能够对餐饮基本信息进行有效的管理,如订座、就餐、结账和清洁等信息。

(2) 能够对餐桌信息进行有效的管理。

(3) 能够对菜谱信息进行有效的管理。

(4) 能够对餐饮的账单进行查询。

(5) 能够对输入的数据进行严格检验,尽可能地避免人为输入错误。

(6) 系统界面美观友好。

(7) 系统拥有易操作性和易维护性。

7.4.2 系统功能设计

根据系统设计目标,系统的参考功能模型如图 7-4 所示。

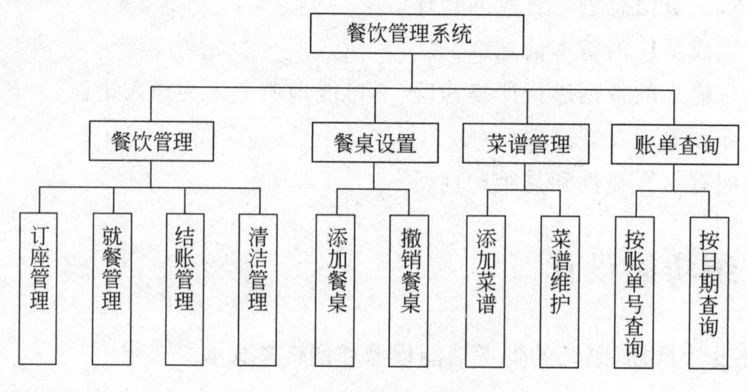

图 7-4 系统功能模块图(4)

7.5 学习任务 5 超市进销存管理系统设计

7.5.1 系统设计目标

本系统用于对中小型超市进行管理,应达到以下目标。

(1) 能够对进货信息进行有效的管理。

(2) 能够对商品销售信息进行有效的管理。

(3) 能够对库存信息进行有效的管理。

(4) 能够对输入的数据进行严格检验,尽可能地避免人为输入错误。

(5) 系统界面美观友好。

(6) 系统拥有易操作性和易维护性。

7.5.2 系统功能设计

根据系统设计目标,系统的参考功能模型如图 7-5 所示。

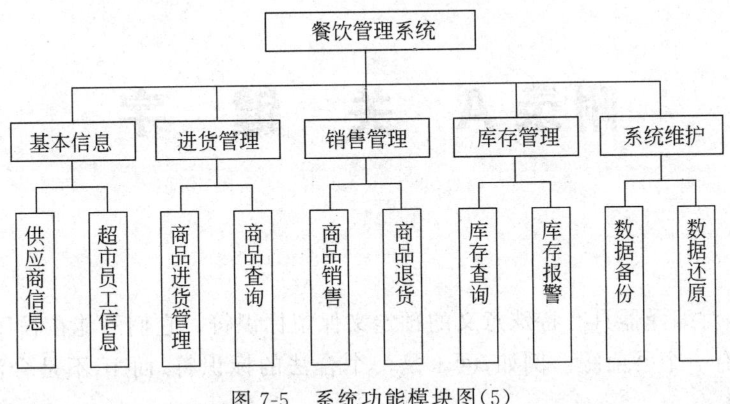

图 7-5　系统功能模块图(5)

本章小结

本章通过完成一个课程设计任务，使学生能够得到系统的技能训练，进一步巩固前面所学的知识，培养学生的综合运用能力，使学生成为具有一定的理论基础和较强的独立动手能力的专业人才。

附录A 关 键 字

关键字是对编译器具有特殊意义的预定义保留标识符。它们不能在程序中用作标识符,除非它们有一个@前缀。例如,@if 是一个合法的标识符,而 if 不是合法的标识符,因为它是关键字。

abstract
as
base
bool
break
byte
case
catch
char
checked
class
const
continue
decimal
default
delegate
do
double
else
enum
event
explicit
extern
false
finally
fixed
float
for
foreach
get
goto
if
implicit
in
int
interface
internal
is
lock
long
namespace
new
null
object
operator
out
override
params
partial
private
protected
public
readonly
ref
return
sbyte
sealed
set
short
sizeof
stackalloc
static
string
struct
switch
this
throw
true
try
typeof
uint
ulong
unchecked
unsafe
ushort
using
value
virtual
volatile
void
where
while
yield

附录 B WinForm 控件命名规范

数 据 类 型	数据类型简写	标准命名举例
Label	lbl	lblMessage
LinkLabel	llbl	llblToday
Button	btn	btnSave
TextBox	txt	txtName
MainMenu	mmnu	mmnuFile
CheckBox	chk	chkStock
RadioButton	rbtn	rbtnSelected
GroupBox	gbx	gbxMain
PictureBox	pic	picImage
Panel	pnl	pnlBody
DataGrid	dgrd	dgrdView
ListBox	lst	lstProducts
CheckedListBox	clst	clstChecked
ComboBox	cbo	cboMenu
ListView	lvw	lvwBrowser
TreeView	tvw	tvwType
TabControl	tctl	tctlSelected
DateTimePicker	dtp	dtpStartDate
HscrollBar	hsb	hsbImage
VscrollBar	vsb	vsbImage
Timer	tmr	tmrCount
ImageList	ilst	ilstImage
ToolBar	tlb	tlbManage
StatusBar	stb	stbFootPrint
OpenFileDialog	odlg	odlgFile
SaveFileDialog	sdlg	sdlgSave
FoldBrowserDialog	fbdlg	fbdlgBrowser
FontDialog	fdlg	fdlgFoot
ColorDialog	cdlg	cdlgColor
PrintDialog	pdlg	pdlgPrint

参考文献

[1] 谭浩强. C语言程序设计[M]. 北京：清华大学出版社，2000.

[2] 陈广. C#程序设计基础教程与实训[M]. 北京：北京大学出版社，2008.

[3] 邵鹏鸣. C#面向对象程序设计[M]. 北京：清华大学出版社，2008.

[4] 邵顺增，李琳. C#程序设计——Windows项目开发[M]. 北京：清华大学出版社，2008.

[5] 李壮. 新编C#程序设计入门[M]. 天津：天津科学技术出版社，2008.

[6] 曾文权，周文琼，陶南，等. Visual C#.NET程序设计基础[M]. 西安：西安电子科技大学出版社，2008.

[7] 袁开鸿. C#程序设计易懂易会教程[M]. 北京：清华大学出版社，北京交通大学出版社，2008.

[8] 郑宇军. C# 2.0程序设计教程[M]. 北京：清华大学出版社，2005.

[9] 杨晓光，山鹰，郭文平. Visual C#.NET程序设计——习题解析与实习指导[M]. 北京：清华大学出版社，北京交通大学出版社，2007.

[10] 罗兵，刘艺，孟武生，等. C#程序设计大学教程[M]. 北京：机械工业出版社，2007.

[11] 李春葆，张植民，肖忠付. C语言程序设计题典[M]. 北京：清华大学出版社，2002.

[12] 龚自霞，高群. C#.NET课程设计指导[M]. 北京：北京大学出版社，2008.